本成果受到中国人民大学2018年度“中央高校建设世界一流大学（学科）和特色发展引导专项资金”支持

智库 中社 智库丛书
Think Tank Series

国家发展与战略丛书
人大国发院智库丛书

规制之手：
中国建设工程领域政府与行政审批中介关系

The Hand of Regulation:
Relations between Government and Administrative Approval Intermediaries in China's Construction Field

张楠迪扬 著

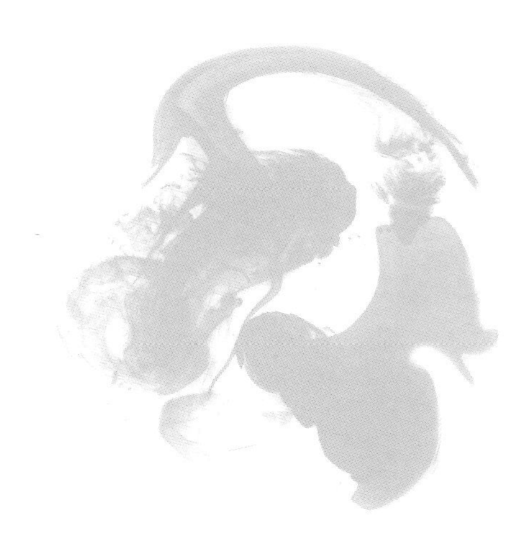

中国社会科学出版社

图书在版编目（CIP）数据

规制之手：中国建设工程领域政府与行政审批中介关系／张楠迪扬著．—北京：中国社会科学出版社，2018.5
（国家发展与战略丛书）
ISBN 978－7－5203－2588－2

Ⅰ.①规…　Ⅱ.①张…　Ⅲ.①建筑工程—行政管理—研究—中国　Ⅳ.①TU723

中国版本图书馆 CIP 数据核字(2018)第 096545 号

出 版 人　赵剑英
责任编辑　喻　苗
特约编辑　黄　晗
责任校对　夏慧萍
责任印制　王　超

出　　版　中国社会科学出版社
社　　址　北京鼓楼西大街甲 158 号
邮　　编　100720
网　　址　http://www.csspw.cn
发 行 部　010－84083685
门 市 部　010－84029450
经　　销　新华书店及其他书店

印　　刷　北京君升印刷有限公司
装　　订　廊坊市广阳区广增装订厂
版　　次　2018 年 5 月第 1 版
印　　次　2018 年 5 月第 1 次印刷

开　　本　710×1000　1/16
印　　张　13.25
插　　页　2
字　　数　211 千字
定　　价　56.00 元

凡购买中国社会科学出版社图书，如有质量问题请与本社营销中心联系调换
电话：010－84083683

前　言

改革开放以来，中国的经济、社会、行政体制改革是政府不断调整自身角色定位的过程。在从计划经济转向社会主义市场经济的过程中，各级政府在不断深化转变政府职能、激发市场活力的体制改革。政府应如何界定与市场关系？在完善市场规制制度的同时，是否可以达成其他协作关系？未来应该向着何种方向发展？首先需要厘清政府与市场的实然关系。

本书所关注的中国行政审批中介改革是系列改革中的一环行政审批制度改革的主要目的是厘清政府权力边界、简政放权、提升行政效率、减少行政相对人的办事成本，发挥市场在资源配置中的积极作用。当行政审批制度改革推向深入，各级政府已大幅清理行政审批事项后，某些领域的整体行政审批效率提升有限，行政相对人的获得感并未得到显著提升，这将改革推入“深水区”。所谓改革进入“深水区”是指改革推进到一定程度，当较明显的、较易解决的问题被解决，更深层、更复杂的问题浮出水面，成为改革新的攻坚重点。行政审批中介改革是行政审批制度改革进入“深水区”后显露出的改革领域。比如，建设工程领域有的项目从项目立项到获得施工许可要经过的周期很长。行政审批制度改革并未有效缩短审批周期，于是“隐藏”在行政审批环节背后的行政审批中介得以出现在实践界和学界的视野中。

介于审批部门与行政相对人之间的行政审批中介，为行政相对人提请审批部门行使行政审批权提供专业技术服务，但同时存在环节多、耗时长、收费乱、垄断性强等问题。一些行政审批中介与审批部门存在利益关联，形成垄断，进一步扰乱市场秩序。行政审批中介提供的专业技术服务是行政审批的前置条件。仅就审批部门所行使的行政审批环节进行改革，显然不能覆盖行政审批中介机构提供服务的环节。而行政审批中介在提供服务过程中的低效与不规范，会进而消解行政审批制度改革的成果。

因此，政府与行政审批中介机构呈现出双重关系。一方面，各领域的行政审批中介机构存在相应的行业主管部门。行政审批中介机构同时也是市场主体。政府与行政审批中介是规管与被规管的关系。另一方面，行政审批中介为政府行使行政审批权提供技术支持，与政府形成协作关系。这一双重关系使得各领域内行政审批中介机构之间可形成行业市场，因此会存在市场在资源配置过程中所出现的市场失灵等相关问题，需要政府作为行政力量介入进行规管。同时，基于行政资源的有限性，行政审批中介作为第三方，可作为社会专业力量为行使行政审批权提供有效支持。如何处理既要管，又要协作的问题？这既是政府角色定位的经典问题，同时也是政府吸纳社会力量实现共治的时代课题。

回答这个问题要在事实层面上廓清行政审批中介所涉行业领域、各领域机构性质与类别、主管部门情况、既有对行政审批中介的管理制度等问题。由于行政审批中介所涉领域广泛、各地情况不一，廓清全貌本身就是改革与研究的难点。本书选取中国建设工程领域行政审批中介作为研究对象，主要由于建设工程领域行政审批中介涉及业务领域广，主管部门数量多，牵涉多方利益，需要改革的程度深、幅度广，是行政审批中介改革的主要领域与缩影。基于多年地方调研，本研究通过对中国建设工程领域政府与行政审批中介关系的研究试图回答三个问题。

第一，历史脉络。中国建设工程领域各项行政审批中介服务是如何发展的？本书回顾了自新中国成立以来中国建设工程领域各项行政审批中介服务的产生与发展。通过历史维度的追问与梳理可以看到中国不同时期出现的行政审批中介服务具有鲜明时代特点，同时与中国不同阶段经济、社会发展重心紧密相关。行政审批中介服务在历史纵深的脉络上体现出不同阶段中国各级政府的职能定位与发展。厘清历史发展不仅有助于我们增进对各项行政审批中介服务发展历程的了解，也是当下推动与深化改革的基础。

第二，现实关系。当下中国政府与行政审批中介的关系为何？这首先要在事实层面上厘清建设工程领域行政审批中介服务事项，分析从事各项服务的中介机构的性质及类别。虽然行政审批中介改革要求各级政府清理本级所涉的行政审批中介服务事项，实际的清理过程仍面临诸多困难。本书讨论的诸项行政审批中介事项结合了各地公布的清单以及实地调研，主要关注建设工程领域主要的、有代表性的行政审批中介服务事项。由于存在地区差异，不排除个别地区可能涉及本书并未囊括的事项。在此基础上，本书关注各级政府与建设工程领域行政审批中介的关系。这包括各级主管部门对行政审批中介的规制制度，各级行政主管部门的管理权限与权责分工。

第三，问题与展望。中国政府与行政审批中介关系有何问题？政府应如何定位与第三方市场主体的关系？如何解决问题、完善制度？2015年4月，国家启动行政审批中介改革，有些本书提及的问题已经或正在着力解决。研究分析了曾经存在、仍然存在的问题，一方面旨在综合讨论改革发展历程；另一方面保持各类问题之间的内在逻辑联系，同时研究将基于问题提出具有操作性的政策建议。

建设工程领域行政审批中介改革，“麻雀虽小、五脏俱全”，涵盖央地关系、部门间关系、市场监管、行业发展等多个联动改革领域。行政审批中介改革涉及政府“简政放权、放管结合、优化服务”，同时涉及政府吸纳第三方协作监管共治的体制机制建设。在理论与现实层面，政府与第三方规制都是一个新兴的研究领域。如何让第三方市场主体能够被有效规制，同时成为政府有效的协作力量？这是一个值得研究者与实践者持续关注的话题，期待更多更优秀的研究与实践经验。

目 录

绪　论

第一节　研究背景

一　行政审批制度改革

1992年，中国共产党第十四次全国代表大会提出正式提出"建立和完善社会主义市场经济"[1]。社会主义市场经济制度正式确立。政府逐渐摆脱计划经济时代的管控思维，由包揽经济与社会事务转向放权市场，市场开始在资源配置领域发挥基础性作用。自主经营、自负盈亏的市场主体开始出现并蓬勃发展，自然人也获得在市场中活动的更多空间。政府则更多进行宏观调控，规则制定。自然人、法人作为政府的行政客体存在，是现代意义的行政审批开始出现的背景。

行政审批是指行政审批机关（包括有行政审批权的其他组织）根据自然人、法人或者其他组织依法提出的申请，经依法审查，准予其从事特定活动、认可其资格资质、确认特定民事关系或者特定民事权利能力和行为能力的行为。[2] 与计划经济时代不同，政府不再通过严格的行政指令和计划指标，直接管理生产生活。社会主义市场经济时代，行政审批是长期以来政府管理生产生活的主要手段。政府通过行使行政审批权力，控制市场准入、职业准入等，对自然人或法人的活动进行规范和限制。

---

① 《江泽民在中国共产党第十四次全国代表大会上的报告》，中国共产党历次全国代表大会数据库（http：//cpc. people. com. cn/GB/64162/64168/64567/65446/4526308. html）。

② 《关于贯彻行政审批制度改革的五项原则需要把握的几个问题》，国务院行政审批改革工作领导小组，国审改发〔2001〕1号。

党的十四大以来，行政审批成为政府履行职能、管理市场与社会的主要方式，是政府权力最集中的领域。各级行政主管部门的行政审批事项大量增加，在很多领域代替市场机制。审批数量多、程序繁杂、效率低下，成为行政审批制度的主要问题。行政审批制度的弊端逐渐显现。政府通过行政审批过度干预市场，阻碍了市场经济发展。此外，由于行政审批事项的设立缺乏规范，存在部门利益、个人私利，行政审批成为诱发腐败、权力寻租的制度源头。

为从源头上预防和治理腐败，促进社会主义市场经济健康发展，进入21世纪，中央开始特别关注推进行政审批制度改革的重要性。2000年12月27日，中国共产党第十五届中央纪律检查委员会第五次全体会议在北京举行。会议通过《中国共产党中央纪律检查委员会第五次全体会议公报》。公报提出要“改革行政审批制度，规范行政审批权力”，为中央国家机关各部门行政审批制度改革定下日程表。“2001年，中央国家机关各部门，各省（区、市）的地（市）级及其以上的政府部门要继续清理行政审批项目。可以取消的行政审批项目都要取消；可以用市场机制替代行政审批的，要通过市场机制来处理。确需保留的行政审批项目，要建立健全对权力的监督制约机制；要规范程序，减少审批环节，公开审批程序和结果，接受群众监督。”①

2001年1月16日，国务院召开第三次廉政工作会议。会议继续将行政审批制度改革作为廉政建设和反腐败的重点工作，要求“进一步推进行政审批制度改革，改进政府的管理和服务，推行政务公开。国务院各部门和各级政府，要按照减少审批事项、简化和规范审批程序、改进管理和服务的要求，继续对现有行政审批事项进行清理”，②“严防权钱交易”。③

在中央几次部署的基础上，2001年9月24日，国务院办公厅下发

---

① 中国共产党中央纪律检查委员会第五次全体会议公报，中共中央纪律检查委员会，中华人民共和国监察部，2000年12月27日（http：//www. ccdi. gov. cn/xxgk/hyzl/201307/t20130726_45345. html）。

② 李岚清：《进一步推进政府廉政建设和反腐败斗争》，《人民日报》2001年1月17日第001版。

③ 同上。

《关于成立国务院行政审批制度改革工作领导小组的通知》(国办发〔2001〕71号),成立国务院行政审批制度改革工作领导小组。国务院层面领导机制的成立,标志着行政审批制度改革工作开始全面启动。

2001年10月9日,中华人民共和国监察部、中华人民共和国国务院法制办公室、中华人民共和国国家经济体制改革委员会、中央机构编制委员会办公室向国务院提交《关于行政审批制度改革工作的实施意见》。八天后的2001年10月18日,国务院批准并转发《国务院批转关于行政审批制度改革工作实施意见的通知》(国发〔2001〕33号)(以下简称"实施意见")。实施意见首次全面提出了行政审批制度改革的实施方案,提出了行政审批制度改革的指导思想和总体要求、改革应遵循的原则、实施步骤,以及需要注意的问题。

2001年12月10日,国务院行政审批制度改革工作领导小组印发《关于贯彻行政审批制度改革的五项原则需要把握的几个问题》的通知(以下简称"通知"),对"实施意见"中提及的行政审批的含义、改革达到的总体要求、改革原则等进一步进行详细阐释,使得实施意见具备更强的操作性。"实施意见"与"通知"两个文件正式规定了中央国家机关及各地方推行行政审批制度改革的落地方案。中国行政审批制度改革由此拉开帷幕。

2003年8月,《中华人民共和国行政许可法》(以下简称"许可法")通过,并于2004年7月起施行。这标志着中国行政审批制度改革进入法治化阶段。许可法肯定了"实施意见"和"通知"的操作原则,并首次以法律的形式规定了行政许可设定的原则、实施机关、实施过程、费用、监督检查、法律责任等,使行政审批事项的设立及实施有法可依。这意味着此后的行政审批制度改革将在法律框架下进行。

在许可法的框架下,行政审批制度改革的主要措施是取消、调整、下放、转移行政审批事项。根据"通知",取消、调整、下放、转移行政审批事项的原则为:"凡是通过市场能够解决的,应当由市场去解决;通过市场难以解决,但通过中介机构、行业自律能够解决的;应当通过中介机构、行业自律去解决;即使是市场机制、中介机构、行业自律解决不了、需要政府加以管理的,也要首先考虑通过除审批之外的其他监管措施来解决。只有在这些手段和措施都解决不了时,才能考虑通过行政审批去解决。”[①]

2002年至2012年，国务院分六批，共取消、调整、下放、转移2456项行政审批事项，占原有总数的约69%。[②] 2002年10月，国务院取消第一批789项行政审批项目。[③] 2003年2月，国务院决定第二批取消406项行政审批项目，改变82项行政审批项目的管理方式。[④] 2004年5月19日，国务院第三批取消和调整495项行政审批项目，其中取消385项；改变管理方式39项；下放46项，其中另有25项属于涉密事项。[⑤] 2007年10月9日，国务院第四批取消和调整186项行政审批项目。其中取消128项；下放29项；改变管理方式8项；合并21项。另有7项拟取消或者调整的行政审批项目是由有关法律设立的，将依照法定程序提请全国人大常委会审议修订相关法律规定。[⑥] 2010年7月4日，国务院第五批取消和下放行政审批项目184项。其中取消113项，下放71项。[⑦] 2012年9月23日，国务院第六批取消和调整314项部门行政审批项目，其中取消171项；调整143项。[⑧]

地方行政审批制度改革也在同期推进。2003年9月，国务院办公厅转发国务院行政审批制度改革工作领导小组办公室《关于进一步推进省级政府行政审批制度改革意见的通知》，对推进省级政府行政审批制度改

① 国务院行政审批制度改革工作领导小组：《关于贯彻行政审批制度改革的五项原则需要把握的几个问题的通知》，2001年12月10日（www. chinalawedu. com/falvfagui/fg21752/30641. shtml）。

② 参考《中国法治建设年度报告（2012）》，中国法学会，2013年6月25日，其中对六批取消、调整、下放事项进行重新统计，并根据统计对所占比例重新估算。

③ 中华人民共和国国务院：《国务院关于取消第一批行政审批项目的决定》，2002年11月1日（http：//www. gov. cn/gongbao/content/2002/content_61829. htm）。

④ 中华人民共和国国务院：《国务院关于取消第二批行政审批项目和改变一批行政审批项目管理方式的决定》，2003年2月27日（http：//www. gov. cn/zwgk/2005 - 09/06/content_29621. htm）。

⑤ 中华人民共和国国务院：《国务院关于第三批取消和调整行政审批项目的决定》，2004年5月19日（http：//www. gov. cn/zwgk/2005 - 08/06/content_29614. htm）。

⑥ 中华人民共和国国务院：《国务院关于第四批取消和调整行政审批项目的决定》，2007年10月9日（http：//www. gov. cn/zwgk/2007 - 10/12/content_775186. htm）。

⑦ 中华人民共和国国务院：《国务院关于第五批取消和下放管理层级行政审批项目的决定》，2010年7月4日（http：//www. gov. cn/zwgk/2010 - 07/09/content_1650088. htm）。

⑧《国务院关于第六批取消和调整行政审批项目的决定》，国发〔2012〕52号。

革提出意见，要求各省“搞好衔接工作，确保国务院取消和调整行政审批项目决定的落实”，“加强已取消和改变管理方式的行政审批事项的后续监管”，“清理并依法妥善处理拟取消和改变管理方式的行政审批项目的设定依据”，“严格规范行政审批行为，促进依法行政”，“加强组织领导和督促检查”，“推动行政审批制度创新”。① 2002 年至 2012 年，全国 31 个省（区、市）本级共取消调整了 3.7 万余项行政审批项目，占原有总数的 68.2%。② 十年来，地方对行政审批制度改革不断进行探索，积累了宝贵经验。2012 年 10 月 31 日，国务院回复《广东省人民政府关于“十二五”时期广东省深化行政审批制度改革试点的请示》（粤府〔2012〕101 号），“同意广东省‘十二五’时期在行政审批制度改革方面先行先试。”③

自 2013 年以来，国务院更加大了行政审批制度改革的力度。十二届全国人大一次会议闭幕后，国务院总理李克强中外记者见面会上指出，国务院各部门行政审批事项 1700 多项，新一届政府下要再削减三分之一以上。④ 截至 2016 年 12 月 1 日，国务院已经分 14 批，⑤ 取消、调整、下放 1186 项行政审批事项，基本达到削减 1/3 的目标。

---

① 国务院行政审批制度改革工作领导小组办公室：《关于进一步推进省级政府行政审批制度改革意见的通知》，2003 年 9 月 29 日。

② 《中国法治建设年度报告（2012）》，中国法学会，2013 年 6 月 25 日。

③ 国务院关于同意广东省“十二五”时期深化行政审批制度改革先行先试的批复，国函〔2012〕177 号。

④ 十二届全国人大一次会议国务院总理李克强答中外记者问，2013 年 3 月 17 日。

⑤ 《国务院关于取消和下放一批行政审批项目等事项的决定》，国发〔2013〕19 号；《国务院关于取消和下放 50 项行政审批项目等事项的决定》，国发〔2013〕27 号；《国务院关于取消和下放一批行政审批项目的决定》，国发〔2013〕44 号；《国务院关于取消和下放一批行政审批项目的决定》，国发〔2014〕5 号；《国务院关于取消和调整一批行政审批项目等事项的决定》，国发〔2014〕27 号；《国务院关于取消和调整一批行政审批项目等事项的决定》，国发〔2014〕50 号；《国务院关于取消和调整一批行政审批项目等事项的决定》，国发〔2015〕11 号；《国务院关于取消一批职业资格许可和认定事项的决定》，国发〔2015〕41 号；《国务院关于第一批取消 62 项中央指定地方实施行政审批事项的决定》，国发〔2015〕57 号；《国务院关于取消一批职业资格许可和认定事项的决定》，国发〔2016〕5 号；《国务院关于第二批取消 152 项中央指定地方实施行政审批事项的决定》，国发〔2016〕9 号；《国务院关于取消 13 项国务院部门行政许可事项的决定》，国发〔2016〕10 号；《国务院关于取消一批职业资格许可和认定事项的决定》，国发〔2016〕35 号；《国务院关于取消一批职业资格许可和认定事项的决定》，国发〔2016〕68 号。

此外，国务院还集中清理了非行政许可审批事项。2014 年 4 月 22 日，国务院发布《国务院关于清理国务院部门非行政许可审批事项的通知》，规定“不再保留‘非行政许可审批’这一审批类别”，[①]“取消面向公民、法人或其他组织的非行政许可审批事项”，[②]“取消和调整面向地方政府等方面的非行政许可审批事项”。[③] 截至 2015 年 5 月，新一届政府先后开展 7 轮清理工作，取消非行政许可审批 258 项。[④]

清理事项之外，国家还注重在中央与地方有关行政审批制度的思路调整、权力重组、平台建设与流程再造，以期提高审批效率。在思路调整方面，进行政府权力清单与责任清单探索；权力重组方面，多地建设行政审批局，进行审批权集中的实践；在平台建设上，在全国推广行政服务中心，实现“一站式审批”；在流程再造方面，各地探索优化审批流程，并联审批、“一口式”“一门式”等措施得到扩散。

全面清理审批事项、制度流程改革的基础上，国务院选择了与市场经济关系紧密的具体领域，作为改革抓手，比如公司注册资本登记制度改革、[⑤] 投资审批制度改革、[⑥] 以及职业资格改革。[⑦] 2015 年 4 月，国务院推进职能转变协调小组成立（以下简称“协调小组”），负责“统筹研究重要领域和关键环节的重大改革措施”，“协调推动解决改革中遇到的困难和重点难点问题，指导地方相关工作，督促各地区各部门落实改革

---

① 中华人民共和国国务院：《国务院关于清理国务院部门非行政许可审批事项的通知》，2014 年 4 月 22 日（www. gov. cn/zhengce/content/2014 – 04/22/content_8773. htm）。

② 同上。

③ 同上。

④ 根据“非行政许可审批全部终结”，中央政府门户网站（http：//www. gov. cn/zhengce/2015 – 05/07/content_2858137. htm），截至 2015 年 5 月 7 日，新一届政府共取消非行政许可审批事项 209 项。2015 年 5 月 14 日，国务院发布《国务院关于取消非行政许可审批事项的决定》（国发〔2015〕27 号），再取消 49 项非行政许可审批事项，至此共取消 258 项。

⑤ 国家工商行政管理总局：《公司注册资本登记管理规定》，2014 年 2 月 20 日（www. saic. gov. cn/eportal/ui？ pageId = 458878&articleKey = 605488&columnId = 460127）。

⑥ 国务院办公厅：《国务院办公厅关于创新投资管理方式建立协同监管机制的若干意见》，2015 年 3 月 19 日（www. gov. cn/zhengce/content/2015 – 03/19/content_9541. htm）。

⑦ 人力资源和社会保障部：《人力资源社会保障部关于减少职业资格许可和认定有关问题的通知》，2014 年 8 月 13 日（www. mohrss. gov. cn/SYrlzyhshbzb/ldbk/rencaiduiwujianshe/zhuanyejishurenyuan/201408/t20140814_138388. htm）。

措施。”[①]协调小组下设行政审批改革组、投资审批改革组、职业资格改革组、收费清理改革组、商事制度改革组、教科文卫体改革组6个专题组，分别推进重点领域的改革。协调小组同时设立综合组、督察组、法制组、专家组4个功能组，对各领域行政审批事项进行全过程、多方位的管理。

重点领域改革取得明显成效。比如，商事制度改革实施一年来，市场活力增强，全国新登记注册市场主体1333.59万户，同比增长17.67%。[②] 国家发展改革委连续修订《政府核准的投资项目目录》，中央层面核准项目累计减少76%。[③] 创新投资项目管理制度，95%以上外商投资项目，98%以上境外投资项目改为网上备案管理。[④]

二 中介机构及其发展历程

（一）定义

“中介机构”与“中介服务”较早进入学术界与实践界视野。随着社会主义市场经济的确立发展，与政府职能转移的不断推进，各类中介机构作为一类市场主体也蓬勃发展起来。中介机构的出现是“资源控制权由政府部门高度集中向社会和市场分散转变的产物。同时促成多元化、社会化的资源控制体制和配置体制的形成”。[⑤]

何为中介机构？学界从不同角度出发，对中介机构做出不同定义。有学者从中介机构的职能出发，强调中介机构提供服务与监督的职能。“社会中介机构是按照一定的法律、法规、规章（或根据政府委托），遵循独立、公开、公平、公正原则，在社会经济活动中发挥服务、沟通、公证、监督功能，实施具体的服务性行为、执行性行为及部分监督性行

---

① 国务院办公厅：《关于成立国务院推进职能转变协调小组的通知》，2015年4月21日（www.gov.cn/zhengce/content/2015-04/21/content_9648.htm）。

② 《商事登记制度一年大事记》，国家工商总局门户网站（http://www.saic.gov.cn/ywdt/gsyw/zjyw/xxb/201503/t20150303_152293.html）。

③ 国家发展改革委召开新闻发布会，2015年4月1日。

④ 《中国投资审批制度改革取得重要进展》，2016年7月27日，新华社（http://news.xinhuanet.com/2016-07/27/c_1119291882.htm）。

⑤ 郁建兴：《理顺政府与社会中介机构的关系》，载郭济《行政管理体制改革：思路和重点》，国家行政学院出版社2007年版，第222页。

为的社会组织。”[①] 有的学者强调中介机构与服务对象的委托关系。比如“社会中介机构，是指依法通过专业知识和技术服务向委托人提供代理性公正性/信息技术服务性等服务的行业。”[②]“社会中介机构是按照一定法律、法规、规章或根据政府委托建立的，遵循独立、客观，公正原则，在社会生活中发挥服务、沟通、监督等职能，实施具体的服务性行为、执行性行为和部分监督性行为的社会组织。”[③]

主流定义则注重中介机构的处于“政府与市场主体，市场主体与市场主体之间”的“中介”位置。类似有代表性的定义如中介机构是“介于政府与市场主体之间、商品生产者与经营者之间、个体与单位之间、从事服务、咨询、协调、评价、公证、监督等活动的机构”。[④]“社会中介机构是指介于政府与市场主体、市场主体与市场主体之间，从事监督、公正、协调、沟通、规范等服务活动的组织机构，是连接政府与企业、企业与企业的桥梁与纽带。”[⑤]“社会中介机构是指在企业和政府、企业和市场、企业和企业之间发挥着服务、沟通、协调、公证、监督等作用的社会组织。”[⑥]“中介机构作为一种社会自治组织，是处于政府与社会之间，联结政府与企业、政府与市场的各种社会组织的总称。”[⑦]“社会中介机构不仅仅是指市场中介机构，而是指所有介于政府、企业、个人之间，并起着为社会管理提供服务、沟通、监督作用的社会组织。”[⑧]“社会中介机构是指处在政府与企事业单位及公民等经济主体和社会主体之间，起

---

① 吕凤太：《社会中介机构》，学林出版社 1998 年版。

② 熊光辉、张怀：《试论中国社会中介机构的建立和完善》，《重庆社科文汇》2005 年第 9 期。

③ 中国行政管理学会课题组：《中国社会中介机构发展研究报告》，《中国行政管理》2005 年第 5 期。

④ 郁建兴：《理顺政府与社会中介机构的关系》，郭济《行政管理体制改革：思路和重点》，国家行政学院出版社 2007 年版。

⑤ 郭国庆、王海龙：《论社会中介组织的内部营销》，《山西财经大学学报》2003 年第 25 卷第 5 期。

⑥ 陆伟明：《试论政府职能转变与社会中介机构的关系》，《人民日报》2004 年 6 月 21 日第 009 版。

⑦ 梁云：《发展社会中介机构——推进行政管理体制改革的重要内容》，《人民日报》2004 年 6 月 21 日第 009 版。

⑧ 胡仙芝：《论社会中介机构在公共管理中的职能和作用》，《中国行政管理》2004 年第 10 期。

沟通、联结作用，承担特定服务、协调、监督、管理职能的具有相对独立的法律地位的社会组织。”①

还有的学者在上述各版本定义中加入营利因素，认为中介机构既可以是营利组织，也可以是非营利组织，如“社会中介机构是按照相应的法律、法规、规章成立的，在社会和市场上承担一定政府职能和服务职能，起着连接政府和社会的纽带作用的组织的总称。它既包括市场上一些特定的营利性组织，也包括社会中各种各样的非营利性组织”。② 上述主要定义揭示出中介机构的本质特点：介于政府与社会之间、接受委托，提供技术、咨询等服务、营利或非营利。

（二）分类

既有研究对中介机构定义存在差异的原因在于，大多数研究并未从分类的视角界定中介机构，并探讨各类中介机构的不同特点。政府与企业、企业与企业、企业与市场之间都存在中介机构，这些机构角色、功能各不相同。以中介机构在社会各部门所处位置，以及营利性为维度，中介机构可以分为六个类属。第一类是介于政府与市场之间的营利性中介机构，比如企业性质的行政审批中介。第二类是介于政府与市场之间的非营利性中介机构，比如事业单位、民办非企业、社会组织等性质的行政审批中介。第一、二类中介机构是本研究的研究对象。第三类是介于市场主体（企业法人）与市场主体之间营利性中介机构。此类中介机构业务对象主要为企业，包括从事各类代理、经纪、咨询业务的中介机构，比如会计师事务所、律师事务所、咨询公司等。代理、经纪、咨询发展速度快、数量大、范围广、性质不同，整体呈现出复杂。这类中介机构与市场活动关系十分密切，为参与市场竞争各类市场主体提供方便，提高市场效率。③ 第四类是介于市场主体与市场主体之间的非营利性中介机构，主要包括行业协会、商会、学会等以聚体同行、业内共济为目的的中介机构。第五类位于社会领域的营利性中介机构。此类中介机构的

① 韩新宝、李哲：《论社会中介组织发展的努力方向》，《学会》2009 年第 12 期。

② 殷晓彦、刘杰：《试析社会中介组织概念的内涵、外延及其他》，《社会工作》2010 年第 5 期。

③ 中国行政管理课题组：《中国社会中介机构发展研究》，中国经济出版社 2006 年版。

主要业务对象是个人，包括从事个人业务的代理、经济、咨询等中介机构，比如留学中介机构、房地产租赁中介等。

表0—1　　　　中介机构分类

	营利	非营利
第一部门与第二部门之间	企业行政审批中介	事业单位、民办非企业、社会组织等行政审批中介
第二部门之间	代理、经纪、咨询等	行业协会、商会、学会等
第三部门	代理、经纪、咨询等	慈善组织、公益基金会等

资料来源：笔者自制。

（三）中国中介机构发展历程

中介机构经历了一个“从无到有”，从“自发产生”到国家有导向出台鼓励与监管政策的发展过程。新中国成立初期，权力高度集中、公有制占绝对主导地位，国家几乎包揽了所有政治、经济、社会、文化活动。这时期的社会组织基本由政府组建，不存在现代意义的中介机构。1978年以后，计划经济向社会主义市场经济转轨，经济活动的多元化发展日趋明显，多种所有制并存。社会经济发展、市场开放与企业的实际需要成为专业服务行业（Professional Services Industry）出现的土壤。各类介于政府与企业之间的咨询性组织逐渐出现，包括工程、技术、管理服务公司、律师事务所、会计师事务所等。这些组织有的脱胎于政府序列，有的应市场需求产生。这些组织从原有国家职能中分离、部分取代政府行政职权，出现在国家与个人、国家与企业间的缓冲区。[①]

20世纪90年代，国家开始全面进入社会主义市场经济时期。随着市场开放与经济发展，中介机构大量出现。国家开始出台相关政策，进一步鼓励中介机构有序发展。1993年，在建立社会主义市场经济体制的大背景下，党的十四届三中全会通过《中共中央关于建立社会主义

① 赵康：《社会中介组织还是专业服务组织？——中介组织概念名实辨》，《科学学研究》2003年第3期。

市场经济体制若干问题的决定》,[①] 首次明确提出要发展市场中介机构,"发挥其服务、沟通、公证、监督作用。当前要着重发展会计师、审计师和律师事务所,公证和仲裁机构,计量和质量检验认证机构,信息咨询机构,资产和资信评估机构等。发挥行业协会、商会等组织的作用。中介机构要依法通过资格认定,依据市场规则,建立自律性运行机制,承担相应的法律和经济责任,并接受政府有关部门的管理和监督。"发展市场中介机构,一是发挥其服务、沟通、公证监督作用;二是依法通过资格认定,依据市场规则,建立自律性运行机制,承担相应的法律和经济责任,并接受政府有关部门的管理和监督。此后,国务院强调要把经济活动、社会服务性和相当一部分监督性的职能交给中介机构。

在政府机构改革的大背景下,1996 年《中华人民共和国国民经济和社会发展"九五"计划和 2010 年远景目标纲要》[②]（以下简称"计划"）强调在自律机制、资格认定及某些重点领域发展中介服务,以及加强政府监管。"计划"指出要"尽快建立市场中介机构的自律机制"、"发展和规范市场中介机构,严格资格认定,发挥好服务、沟通、公证、监督作用",以及"全面推行工程建设的招标、投标制度,发展工程咨询业,推行施工监理制,加强工程预决算的审计、验证和资产评估等中介服务,并按照公平、公开、公正的原则,实行市场竞争。各级政府要加强对投资领域中介机构和市场行为的监督管理。1997 年 9 月,党的十五大报告中再次强调"要培育和发展社会中介组织"。[③]

中介机构在获得发展的同时,也出现了诸多问题,比如与政府关系过于紧密,在经营中出现了不规范行为等。政府将在鼓励中介机构发展的同时,开始加强对中介机构的管理。2000 年 3 月 6 日,时任国家发展计划委员会主任曾培炎在第九届全国人民代表大会第四次会议上作了

① 《中共中央关于建立社会主义市场经济体制若干问题的决定》,中国共产党新闻网（http://cpc.people.com.cn/GB/64162/134902/8092314.html）。

② 《中华人民共和国国民经济和社会发展"九五"计划和 2010 年远景目标纲要》,中国人大网（http://www.npc.gov.cn/wxzl/gongbao/2001-01/02/content_5003506.htm）。

③ 《江泽民在中国共产党第十五次全国代表大会上的报告》,中央政府门户网站（http://www.gov.cn/test/2008-07/11/content_1042080_4.htm）。

《关于2000年国民经济和社会发展计划执行情况与2001年国民经济和社会发展计划草案的报告》。[①] 报告指出要规范中介组织行为，“整顿和规范市场主体行为……严厉查处企业和中介机构做假账、隐匿收入、出具虚假资信证明等不法行为”，“各类社会中介组织要逐步与政府部门脱钩”。

2001年，《国民经济和社会发展第十个五年计划纲要》[②] 提出“提高中介机构的质量”，“实现中介机构脱钩改制，确保其独立、客观、公正地执业，规范发展会计服务、法律服务、管理咨询、工程咨询等中介服务业”。加强中介服务体系建设，以及中介机构法律法规建设。《国务院2006年工作要点》[③] 提出：“加强廉政建设和反腐败工作……开展对社团、行业组织和社会中介机构的清理和规范工作。”

三 行政审批中介及改革

（一）行政审批中介

行政审批中介是中介机构的一个类别。“行政审批中介”的提法出现比较晚近。目前，学界对行政审批中介的研究处于起步阶段，未对此概念定义展开广泛讨论，存在“审批中介”“与行政审批有关的中介服务”“行政审批中的‘第三方’服务”“行政审批前置中介”等多种提法。有地方政府基于对有关行政审批中介服务的实践探索，开始逐渐使用“行政审批中介”概念。[④]

中央政府层面，从上述国务院发布的两个有关行政审批中介改革的文件看来，2014年12月，国务院办公厅发布的《精简审批事项规范中介服务实行企业投资项目网上并联核准制度的工作方案》中还用比较宽泛

---

① 《关于2000年国民经济和社会发展计划执行情况与2001年国民经济和社会发展计划草案的报告》，中国人大网（http：//www. npc. gov. cn/wxzl/gongbao/2001 - 03/19/content_5134508. htm）。

② 《中华人民共和国国民经济和社会发展第十个五年计划纲要》，中国人大网（http：//www. npc. gov. cn/wxzl/gongbao/2001 - 03/19/content_5134505. htm）。

③ 《国务院关于印发2006年工作要点的通知》，中央政府门户网站（http：//www. gov. cn/zwgk/2006 - 03/22/content_233622. htm）。

④ 比如，2013年10月9日，台州市人民政府印发《台州市行政审批中介机构服务管理办法（试行）的通知》台政办发〔2013〕128号，明确提出了“行政审批中介”概念。

的“中介服务”概念指代“行政审批中介服务”。

“行政审批中介”首次出现在国务院文件中，是2015年4月27日国务院办公厅发布的《关于清理规范国务院部门行政审批中介服务的通知》(国办发〔2015〕31号)。该文件虽然未直接给出行政审批中介定义，但明确了清理行政审批中介服务的范围。清理规范的范围为：“国务院部门开展行政审批时，要求申请人委托企业、事业单位、社会组织等机构(以下统称中介服务机构)开展的作为行政审批受理条件的有偿服务（以下称中介服务)，包括各类技术审查、论证、评估、评价、检验、检测、鉴证、鉴定、证明、咨询、试验等。”①

由此，可将行政审批中介定义为：政府开展行政审批时要求申请人委托的，为申请人提供作为行政审批受理条件有偿服务的企业、事业单位、社会组织。行政审批中介服务形式多样，包括各类技术审查、论证、评估、评价、检验、检测、鉴证、鉴定、证明、咨询、试验等。根据此概念，行政审批中介服务的几个要件为：前置于行政审批事项、政府要求委托第三方中介机构、有偿服务。

(二) 行政审批中介改革

建设工程领域行政审批中介作为中介改革的抓手，是中国现阶段推进行政审批中介改革的前沿课题与攻坚难题之一。对中国行政审批中介服务的研究尚处于起步阶段。张楠迪扬通过对建设工程领域行政中介服务展开研究，分析了中国政府对行政审批中介机构的管治困境。② 唐东霞，江瑞情指出工程造价中介机构的诸多问题，认为改革迫在眉睫。③ 徐有平基于浙江省温州市改革，提出行政审批中介机构应与政府脱钩。④ 王

---

① 国务院办公厅：《国务院办公厅关于清理规范国务院部门行政审批中介服务的通知》，2015年4月29日（www. gov. cn/zhengce/content/2015 - 04/29/content_9677. htm）。

② 张楠迪扬：《中国政府对中介组织的管治困境——以建设工程领域中介服务为视角》，《国家行政学院学报》2015年第1期。

③ 唐东霞、江瑞情：《工程造价咨询中介机构体制改革势在必行》，《工程经济》2001年第3期。

④ 徐有平：《“脱钩”、“上套”发挥中介机构“正能量”——浙江省温州市推进中介机构改革的实践与思考》，《中国纪检监察》2013年第21期。

晨筱，唐跃认为创新中介服务可以助力行政审批制度改。[①] 中国该领域的诸多问题更突显研究介绍国外成熟经验的重要意义。

行政审批制度改革的主要着力点是行政审批事项与审批方式与流程。然而，隐性审批的存在为行政审批制度改革带了很大困难。虽然行政审批制度改革中，大量行政审批事项削减，但各种前置审批预评估增多，很多地方市场主体"办事难"并未得到有效缓解。[②]

行政审批中介事项就是一种行政审批的前置事项。行政审批中介为政府履行行政审批职能提供专业性技术服务，但"存在环节多、耗时长、收费乱、垄断强等问题"，[③] "在一定程度上消解了行政审批制度改革的成效，加重了企业和群众负担，扰乱了市场秩序，甚至成为腐败滋生的土壤"。[④] 国务院审改办负责人曾表示，"简政放权后，企业仍需把大量的时间精力放在中介服务环节上，中介服务收费乱，整体费用偏高，而一些中介服务机构甚至与审批部门存在利益关联，很难保障中介服务的公正合理。"[⑤]

特别是一些与政府部门存在利益关联的"红顶中介"。这些机构由于与政府部门关系密切，被输送利益，垄断市场，成为"二政府"，被形容为"戴市场的帽子、拿政府的鞭子、收企业的票子、供官员兼职的位子"，[⑥] 是"一种伴生于改革、寄生于体制并不断蚕食改革红利的'寄生虫'"。[⑦] 2014 年 6 月，时任审计署审计长刘家义在第十二届全国人民代表大会常务委员会第九次会议上作《国务院关于 2013 年度中央预算执行和其他财政收支的审计工作报告》。报告指出，"至 2013 年年底，卫生计

---

① 王晨筱、唐跃：《创新中介机构管理体制，助力行政审批制度改革》，《机构与行政》2015 年第 1 期。

② 申孟哲、叶晓楠：《部分地方存隐性审批，触动利益比触动灵魂难》，《人民日报》（海外版）2014 年 3 月 27 日第 005 版。

③ 国务院办公厅：《国务院办公厅关于清理规范国务院部门行政审批中介服务的通知》，2015 年 4 月 29 日，(www. gov. cn/zhengce/content/2015 – 04/29/content_9677. htm)。

④ 同上。

⑤ 《总理责令整治红顶中介》，2015 年 6 月 16 日，人民网 – 中国经济周刊（http：//politics. people. com. cn/n/2015/0616/c1001 – 27160521. html）。

⑥ 《红顶中介，得管管了》，2014 年 12 月 22 日，《人民日报》。

⑦ 《总理责令整治红顶中介》，2015 年 6 月 16 日，人民网 – 中国经济周刊（http：//politics. people. com. cn/n/2015/0616/c1001 – 27160521. html）。

生委、国土资源部、住房城乡建设部等13个部门主管的35个社会组织和61个所属事业单位利用所在部门影响，采取违规收费、未经批准开展评比达标、有偿提供信息等方式取得收入共计29.75亿元，部分单位违规发放津补贴1.49亿元。”据统计，2015年上半年，国务院总理李克强曾经在国务院党组会议、国务院常务会议、国务院廉政工作会议、国务院电视电话会议上，5次提及整治“红顶中介”问题。①

2014年12月10日，国务院办公厅发布《精简审批事项规范中介服务实行企业投资项目网上并联核准制度的工作方案》初步提出规范中介服务及方向，指出市场主体有选择提是否委托中介机构的自由，行政主体不得干预；行政机关要通过竞争方式委托中介，并将服务费纳入部门预算；提高中介机构服务能力和水平，加强政府监管等。2015年4月27日，国务院办公厅发布《关于清理规范国务院部门行政审批中介服务的通知》(国办发〔2015〕31号)，界定了清理范围、清理措施，以及实施方案，同时要求地方各级政府根据要求，组织实施本地区清理工作。这标志着全国范围行政审批中介制度改革正式开始。

目前，行政审批中介改革处于清理行政审批中介服务事项阶段。截至2018年2月，国务院分三批规范清理国务院部门行政审批中介服务事项。2015年10月22日，国务院发布《国务院关于第一批清理规范89项国务院部门行政审批中介服务事项的决定》(国发〔2015〕58号)，决定第一批清理规范89项国务院部门行政审批中介服务事项。2016年2月3日，国务院发布《国务院关于第二批清理规范192项国务院部门行政审批中介服务事项的决定》(国发〔2016〕11号)，决定第二批清理规范192项国务院部门行政审批中介服务事项。2017年1月12日，国务院发布《国务院关于第三批清理规范国务院部门行政审批中介服务事项的决定》(国发〔2017〕8号)，决定第三批清理规范17项行政审批中介服务事项。如表0—2所示，国务院部门清理、规范行政审批中介主要有三种方式。

① 《总理责令整治红顶中介》，2015年6月16日，人民网 - 中国经济周刊(http://politics.people.com.cn/n/2015/0616/c1001-27160521.html)。

表0—2 国务院部门清理、规范行政审批中介服务的主要方式

清理方式	是否取消该项行政审批中介服务	规范方式
1	是	取消该项行政审批中介服务，不再作为行政审批前置条件，不再要求申请人提供相关材料
2	否	政府不再要求申请人委托行政审批中介，相关服务由审批部门自行组织开展
3	否	申人可委托行政审批中介机构提供服务，也可自行完成审批部门的审批前置要求

资料来源：根据国务院三批清理、规范国务院部门行政审批中介服务事项（国发〔2015〕58号、国发〔2016〕11号、国发〔2017〕8号）。

根据2015年4月国务院办公厅发布的《关于清理规范国务院部门行政审批中介服务的通知》，截至2016年12月，各省级政府皆已发布清理行政审批中介服务事项的相关文件或工作部署，实际清理工作各地进展不一。省级及以下各地方正处于清理行政审批中介服务事项阶段。行政审批中介，特别是“红顶中介”涉及多部门既得利益群体，政府多采用职能部门摸底本部门情况上报行政审批中介服务事项。根据地方调研，对于利益牵涉较深的职能部门，这种工作方式遭遇一定阻力，较难摸清真实情况，存在瞒报、漏报现象。

在全面清理行政审批中介事项存在阻力情况下，地方改革进行了变通式探索。有的地方通过成立“中介超市”，管理辖区内行政审批中介机构。“中介超市”的理念是：先管好一部分行政审批中介。所谓“中介超市”是行政审批中介提供服务的实体或虚拟平台。多地对“中介超市”进行了不同模式的探索，大体机制相似。政府严格管理进入超市的行政审批中介，规范环节、结审时间、收费等。市场主体如选择中介超市的中介，则可以获得较为优质的服务。

然而，“中介超市”的实践也暴露出诸多问题。根据地方调研，有政府将“中介超市”作为政府行政权力干预市场的工具，为实现降低收费、缩短结审时间的改革目标，硬性规定中介超市入驻中介的收费标准、结审时间，而非通过市场竞争机制自动调节。更有地方政府为完成上级考核，将中介超市入驻中介业务完成情况纳入对口政府部门的绩效考核。这与改革最初政府放权社会组织，发展中介机构分担政府职能的初衷背道而驰。有地方“中介超市”成为“形式改革”，入驻超市数量少，领域不全，市场主体利用率低。[①] 此外，在制度设计上，“中介超市”并非是对行政审批中介全覆盖式管理，并不能有效规范市场内所有行政审批中介。

（三）建设工程领域行政审批中介改革

1. 投资审批制度改革

社会主义市场经济打破了计划经济时期高度集中的投资管理模式，逐渐形成“投资主体多元化、资金来源多渠道、投资方式多样化”。[②] 但是投资审批领域也存在行政审批制度的普遍问题，投资审批领域广、事项多、程序烦冗。在行政审批制度改革的背景下，为转变政府管理职能，落实企业投资自主权，2004 年 7 月，国务院办公厅发布《国务院关于投资体制改革的决定》（国发〔2004〕20 号）（以下简称“决定”），提出了投资审批制度改革。投资审批制度改革的主要对象是重大和限制类之外的企业不使用政府性资金投资建设的固定资产投资项目。

改革的首要措施是缩小项目立项阶段的政府审批范围。改革前，企业立项自主权弱，各类项目不分投资主体、不分资金来源、不分项目性质，一律按投资规模大小分别由各级政府及有关部门审批。根据“决定”，改革后，政府“对于企业不使用政府投资建设的项目，立项阶段一律不再实行审批制，区别不同情况实行核准制和备案制”。除重大项目和限制类项目，政府不再审批，均改为核准或备案。“企业投资建设实行核准制的项目，仅需向政府提交项目申请报告，不再经过批准项目建议书、可行性研究报告和开工报告的程序。政府对企业提交的项目申请报告，主要从维护经济安全、合理开发利用资源、保护生态环境、优化重大布局、保障公共利益、防止出现垄断等方面进行核准。”国务院同时公布了《政府核准的投资项目目录》（2004 年本），列出了由政府核准的投资项

---

① 《总理责令整治红顶中介》，2015 年 6 月 16 日，人民网 – 中国经济周刊（http://politics.people.com.cn/n/2015/0616/c1001-27160521.html）。

② 《国务院关于投资体制改革的决定》，国发〔2004〕20 号。

目范围，并强调“根据变化，适时调整”。如上所述，投资审批制度改革启动以来，国务院已经三次调整《政府核准投资项目目录》，[①] 逐渐缩小政府核准范围。

与此同时，地方也对投资审批制度改革进行探索。广东省走在全国探索的前沿。2013 年 2 月 7 日，广东省人民政府办公厅印发《广东省企业投资管理体制改革方案》（粤府办〔2013〕5 号）（以下简称“方案”），进一步加大投资审批制度改革的力度，规定“不涉及公共资源开发利用的项目一律取消核准，改为备案管理”。

核准与备案制存在项目立项阶段。立项阶段以外，项目还包括报建、施工、竣工验收等阶段。根据地方调研，广东省的“方案”在取消核准制的基础上，还将改革拓展至项目全过程，在投资审批事项数量、项目办理时限上进行改革，在 2015 年时就提出将审批事项压减 70% 左右，项目办理时限总体缩短 50% 左右，实现地级市以上投资审批和备案事项网上办理率达 90%。

2. 建设工程领域行政审批中介改革

根据行政审批中介定义，建设工程领域行政审批中介指：处于政府与建设方之间，接受建设方委托为其提供技术、咨询等行政审批前置有偿服务的机构。随着改革推进，投资审批制度改革暴露出行政审批制度改革的共性问题。虽然立项时间缩短，审批数量减少，但市场主体办事时间并没有明显缩短，投资审批制度改革的效果被消解了。如上所述，投资审批改革的主要对象是企业不使用政府性资金投资建设的固定资产投资项目。固定资产投资项目中，建设工程项目单位价值高、项目数量多、地域广、审批链条长、涉及主管部门多，与公共利益关系紧密，是固定资产投资项目中的最引人注目的项目类别，也是投资审批制度改革推动后，问题曝光率最高的领域。

第一，建设工程领域行政审批中介环节多。有的地方人大代表示，

---

① 三次调整参见：《国务院关于发布政府核准项目的投资项目目录（2013 年本）的通知》（国发〔2013〕47 号）；《国务院关于发布政府核准项目的投资项目目录（2014 年本）的通知》（国发〔2014〕53 号）；《国务院关于发布政府核准项目的投资项目目录（2016 年本）的通知》（国发〔2016〕72 号）。

“一个建设项目，从拿地到拿证，要经过24个中介机构的‘关卡’、送审48个评估报告，要想加快审批，就得塞‘加班费’！”“拿着‘政府授权’的中介机构，几乎吃掉了老百姓本该享受到的改革红利。”[①] 还有政协委员勾勒出项目审批长征图，“16个大项、168个子项、申办20个批复、15个评审，涉及10个厅（局），40余个处（室），多达130余个办事环节”。其中“真正属于政府部门行政审批的仅有20多个环节，涉及的中介服务事项却多达40多项。”[②]

第二，行政审批中介结审时间长。有的企业表示，“政府审批的时候还有固定期限，到中介机构就说不准几天了。”有的省份调查显示，全省一次就通过审查的施工设计文件不到15%，结审时间普遍较长。有地方政协委员反映，建设工程项目审批流程一年半，“审批时间也大多花在中介服务上，部门审批环节只需70多个工作日。”[③] 另有地方调查显示，行政审批中介服务用时占建设工程项目手续办理总时长的2/3。[④]

第三，与政府利益关系紧密，垄断市场。“部分中介机构本身就是审批部门所属的事业单位，或者主管的行业协会；有些审批部门有现职人员或离退休人员在中介机构里面兼职或者是任职。这些中介机构与审批部门存在千丝万缕的利益关联，很难保障中介服务的公正合理。”[⑤] 比如，气象审批和人防审批部门垄断现象较为突出。有的地方反映“企业建设中所需的防雷设备都只能通过一家中介来购买”，“人防办只委托一两家咨询公司来受理全省海量的人防工程图审核”。有的省份，“从事抗震、防雷等审批业务的中介企业只有一家。职业病健康检测，全省一家都没有，相关部门介绍和指定了外省的3家机构，形成了‘让你赚钱你就能赚钱’的状况”。[⑥]

第四，收费混乱。行政审批中介存在收费水平高、标准不一、重复收费、强行收费等现象。有的建设工程项目“各种名目办证费用高达200

---

① 《一个项目24个中介“卡”：投资项目审批权放给了谁?》，2015年2月13日，新华网（http：//news. xinhuanet. com/politics/2015 -02/13/c_1114365912. htm）。

② 晏国政：《中介服务乱象蚕食行政审批改革红利》，《经济参考报》2014年8月28日第005版。

③ 同上。

④ 同上。

⑤ 王峰：《清理行政审批中介服务五大问题是深化改革的必然要求》，2015年4月28日，中央机构编制网（http：//www. scopsr. gov. cn/ldzy/ldbdj/wf/wfjh/201504/t20150428_275089. html）。

⑥ 晏国政：《中介服务乱象蚕食行政审批改革红利》，《经济参考报》2014年8月28日第005版。

多万元……其中真正属于政府部门行政审批的费用仅为2万多元"。[①]"很多中介服务没有政府指导价格，即便有价格标准，在执行过程中也普遍存在'讨价还价'。"有的企业反映，有的项目"按标准中介机构可收取十万元费用，但如果找到相关政府部门负责人打招呼或多次沟通，价格可能会降低一半。"[②]"营业执照年检往往跟一些中介机构的会费挂钩。如果企业不交工商协会会费，工商部门往往就拖着不给年检。这种会费根据企业人数，几千元到上万元不等。"[③]有的地方存在中介审查通常不能一次通过，多次返工，重复收费的情况。[④]

建设工程领域涉及审批链条长，职能部门数量多，此领域的行政审批中介改革成为改革的重点领域。为解决上述乱象，2015年10月至今，国务院层面共三批清理规范298项行政审批中介服务事项中11项涉及各类建设工程及项目。

表0—3　国务院三批清理、规范国务院部门行政审批中介服务事项建设工程类事项

序号	中介服务事项名称	涉及的审批事项名称	审批部门	中介服务设置依据	中介服务实施机构	处理决定
1	建设项目竣工环境保护验收监测或调查	由环境保护部负责的建设项目竣工环境保护验收	环境保护部	《建设项目环境保护管理条例》（国务院令第253号）；《建设项目竣工环境保护验收管理办法》（环保总局令第13号）；《防雷装置设计审核和竣工验收规定》（中国气象局令第21号）	具有相应资质的环境监测机构、环境放射性监测机构、环境影响评价机构等有关技术单位	不再要求申请人提供建设项目竣工环境保护验收监测报告（表）或调查报告（表），改由审批部门委托有关机构进行环境保护验收监测或调查

① 晏国政：《中介服务乱象蚕食行政审批改革红利》，《经济参考报》2014年8月28日第005版。

② 同上。

③ 同上。

④ 《一个项目24个中介"卡"：投资项目审批权放给了谁?》，2015年2月13日，新华网（http：//news. xinhuanet. com/politics/2015－02/13/c_1114365912. htm）。

续表

序号	中介服务事项名称	涉及的审批事项名称	审批部门	中介服务设置依据	中介服务实施机构	处理决定
2	建设项目雷电灾害风险评估	防雷装置设计审核和竣工验收	中国气象局	《防雷装置设计审核和竣工验收规定》（中国气象局令第21号）注：审批工作中要求申请人委托有关机构编制雷电灾害风险评估报告	具备能力的防雷技术服务机构或地方性法规明确的机构	不再要求申请人提供雷电灾害风险评估报告；审批部门完善标准，组织开展区域性雷电灾害风险评估
3	防雷产品测试	防雷装置设计审核和竣工验收	中国气象局	《防雷装置设计审核和竣工验收规定》（中国气象局令第21号）；《防雷减灾管理办法》（中国气象局令第24号）注：审批工作中要求申请人委托有关机构开展防雷产品测试	国务院气象主管机构授权的检测机构	不再要求申请人提供防雷产品测试报告；审批部门完善标准，按要求开展防雷产品质量检查
4	防雷装置设计技术评价	防雷装置设计审核和竣工验收	中国气象局	《防雷装置设计审核和竣工验收规定》（中国气象局令第21号）	具备能力的防雷技术服务机构或地方性法规明确的机构	不再要求申请人提供防雷装置设计技术评价报告，改由审批部门委托有关机构开展防雷装置设计技术评价

续表

序号	中介服务事项名称	涉及的审批事项名称	审批部门	中介服务设置依据	中介服务实施机构	处理决定
5	新建、改建、扩建建（构）筑物防雷装置检测	防雷装置设计审核和竣工验收	中国气象局	《防雷减灾管理办法》（中国气象局令第20号，2013年5月31日予以修改）；《防雷装置设计审核和竣工验收规定》（中国气象局令第21号）	取得相应防雷装置检测资质的单位	不再要求申请人提供新建、改建、扩建建（构）筑物防雷装置检测报告，改由审批部门委托有关机构开展新建、改建、扩建建（构）筑物防雷装置检测
6	生产建设项目水土保持设施验收技术评估	生产建设项目水土保持设施验收审批	水利部	《开发建设项目水土保持设施验收管理办法》（水利部令第16号，2005年7月8日予以修改）注：审批工作中要求申请人委托有关机构编制水土保持设施验收技术评估报告	具有生产建设项目水土保持设施验收技术评估工作相应能力和水平且具有独立法人资格的企事业单位	不再要求申请人提供水土保持设施验收技术评估报告，改由审批部门委托有关机构进行技术评估
7	生产建设项目水土保持监测	生产建设项目水土保持设施验收审批	水利部	《中华人民共和国水土保持法》注：审批工作中要求申请人委托有关机构编制水土保持监测报告	具有从事生产建设项目水土保持监测工作相应能力和水平且具有独立法人资格的企事业单位	申请人可按要求自行编制水土保持监测报告，也可委托有关机构编制，审批部门不得以任何形式要求申请人必须委托特定中介机构提供服务；审批部门完善标准，按要求开展现场核查

续表

序号	中介服务事项名称	涉及的审批事项名称	审批部门	中介服务设置依据	中介服务实施机构	处理决定
8	生产建设项目水土保持方案编制	生产建设项目水土保持方案审批	水利部	《中华人民共和国水土保持法》注：审批工作中要求申请人委托有关机构编制水土保持方案	具有从事生产建设项目水土保持方案编制工作相应能力和水平且具有独立法人资格的企事业单位	申请人可按要求自行编制水土保持方案，也可委托有关机构编制，审批部门不得以任何形式要求申请人必须委托特定中介机构提供服务；保留审批部门现有的水土保持方案技术评估、评审
9	建设项目（煤矿）职业病防护设施设计专篇编制	职业病危害严重的建设项目（不含医疗机构）的防护设施设计审查、建设项目职业病防护设施竣工验收	国家煤矿安监局	《中华人民共和国职业病防治法》、《建设项目职业卫生“三同时”监督管理暂行办法》（安全监管总局令第51号）	具有相应资质的设计单位	申请人可按要求自行编制职业病防护设施设计专篇，也可委托有关机构编制，审批部门不得以任何形式要求申请人必须委托特定中介机构提供服务；保留审批部门现有的职业病防护设施设计专篇技术评估、评审

续表

序号	中介服务事项名称	涉及的审批事项名称	审批部门	中介服务设置依据	中介服务实施机构	处理决定
10	建设项目（除煤矿外）职业病防护设施设计专篇编制	职业病危害严重的建设项目（不含医疗机构）的防护设施设计审查、建设项目职业病防护设施竣工验收	安全监管总局	《中华人民共和国职业病防治法》；《建设项目职业卫生"三同时"监督管理暂行办法》（安全监管总局令第51号）	具有相应资质的设计单位	申请人可按要求自行编制职业病防护设施设计专篇，也可委托有关机构编制，审批部门不得以任何形式要求申请人必须委托特定中介机构提供服务；保留审批部门现有的职业病防护设施设计专篇技术评估、评审
11	固定资产投资项目节能评估文件编制	固定资产投资项目节能评估和审查	国家发展改革委	《固定资产投资项目节能评估和审查暂行办法》（国家发展改革委令2010年第6号）注：审批工作中要求申请人委托有关机构出具固定资产投资项目节能评估文件	有相应能力的编制机构	申请人可按要求自行编制节能评估文件，也可委托有关机构编制，审批部门不得以任何形式要求申请人必须委托特定中介机构提供服务；保留审批部门现有的固定资产投资项目节能评估文件技术评估、评审

资料来源：根据国务院三批清理、规范国务院部门行政审批中介服务事项（国发〔2015〕58号、国发〔2016〕11号、国发〔2017〕8号）。

第二节 政府规制与研究问题

一 政府规制

（一）市场失灵

市场作为“看不见的手”可以起到有效调配资源的作用。西方经济学通常以帕累托最优来判定市场达到有效资源配置状态。帕累托最优状态即为没有一个人可以不使其他人的福利受到损害的条件下提高自身福利水平。[①]

一般均衡理论认为完全竞争市场可以实现市场资源的有效配置，即达到帕累托最优。因此，实现资源有效配置要同时满足完全竞争市场、一般均衡理论的前提假设。完全竞争市场的多个前提假设包括：市场上各种资源存在完全的流动性；市场上存在大量相互独立的买主和卖主；不存在行业壁垒，买主和卖主可以自由进出市场；买卖双方之间不存在信息不对称；买卖双方都无力影响价格，都只是价格的接受者；消费者主导市场需求。

一般均衡理论分析的是完全竞争市场的均衡。除了满足完全竞争市场的前提假设，一般均衡理论假设产品市场中，消费者供应要素，需求产品；生产者供应产品，需求要素。消费者偏好、生产者技术水平、人口数量、产品和要素、经济的规模收益保持不变，不考虑不确定性、不完全信息和外部性等。[②] 当经济达到一般均衡，“每种产品和要素的供给量等于需求量，所有市场总供给等与总需求”。[③]

显然，一般均衡在现实经济中几乎不可能实现。现实中，不完全竞争与市场非有效资源配置是常态。当上述条件不能被满足，市场配置资源出现低效或无效，则出现市场失灵。市场失灵在理论与现实上都有出现的可能。垄断、公共物品、外部性、信息不对称可导致市场失灵。

垄断（Monopoly）或寡头企业凭借垄断地位抬高产品的市场价格，

---

① 王健等：《中国政府规制理论与政策》，经济科学出版社 2008 年版。

② 同上。

③ 同上。

使得产品价格高于竞争市场的产品价格，使得市场在资源配置上无法实现帕累托最优，从而无法实现资源有效配置。

外部性（Externality）指一些市场行为会对他人产生溢出效应。这种溢出效应可能是正向或负向的，但不论是收益还是损害，他人却没有承担义务或获得回报。外部性扭曲市场的价格机制，使得市场无法实现有效资源配置。

公共物品（Public goods）包括纯公共物品和准公共物品。纯公共物品具备非竞争性、非排他性的特点；准公共物品介于纯公共物品和私人物品之间，具备非竞争性特点。这些特点使得公共物品不可分割，较难收费，存在“搭便车”现象，私人提供者的收益较难保证。因此市场在公共物品供给的资源配置上存在失灵现象。

信息不对称（Asymmetric information）主要指市场中买房与卖方掌握的信息不对等。[①] 这会导致逆向选择（Adverse Selection）和道德风险（Moral Hazard），从而使市场无法达到一般均衡。

（二）政府规制

市场失灵的常态化存在使得市场在资源配置上存在天然缺陷，这为政府规制提供了存在的前提。本书在行文上通用“规制”与“监管”，对应英文的“Regulation”，统指规制制度与行为。

20 世纪 70 年代逐渐发展、成熟的公共利益理论认为，政府代表公共利益，应纠正市场失灵、提高“市场效率、增加社会福利”，[②] 从而维护公共利益的义务和责任。这是政府规制的合法性基础。20 世纪 80 年代，西方政府开始向规制政府转型。规制政府主要通过规章、制度、法律、法规进行规制。[③] 政府主要通过行政指令或立法的方式令规则与标准具备法律效力。政府的主要规制手段包括：经济规制、社会规制、法律规制。

经济规制指政府根据法律、法律企业行为、行业结构、价格标准、

---

① Akerlof G A, The Market for “Lemons”: Quality Uncertainty and the Market Mechanism, *The Quarterly Journal of Economics*, Vol. 84, No. 3, August, 1970.

② 王健等:《中国政府规制理论与政策》，经济科学出版社 2008 年版。

③ Pildes R H, Sunstein C R, Reinventing the regulatory state, *The University of Chicago Law Review*, Vol. 62, No. 1, Winter, 1995.

质量标准、投资、产出等一系列市场秩序制定与执行监管政策。[①] 经济规制是政府规制市场最通行、最主要的手段之一。中国政府经济规制最主要的手段包括对市场准入、价格标准、交易行为等的规管。市场准入指潜在市场主体是否达到行政主管部门的准入要求，获得企业法人的身份，具体表现为潜在市场主体是否能否达到工商行政管理部门的要求，通过商事登记行政审批，获得营业执照。价格规制指价格主管部门对特定行业价格标准的规管，具体表现为价格及行政主管部门对特定行业收费标准的制定、管理及执行。质量标准指行政主管部门对行业质量的规管，具体表现为行业水平的制定、价格结构的规范等。[②]

社会规制主要包括对健康、安全、环境、反歧视等法律、法规的制定及执行。虽然社会规制的规制对象并非经济行为，但是社会规制会对市场主体的成本、收益产生经济影响。[③] 与经济规制理论相比，社会规制理论起步较晚。20 世纪初期，美国开始对食品、药品、卫生、安全等领域进行社会规制。20 世纪 70 年代至 21 世纪初期，美国将社会规制实践领域扩展到工作场所的健康、安全，以及空气、水质等环境保护领域。20 世纪 80 年代起，社会规制理论逐渐发展成熟并成为研究热点。[④]

中国社会规制的主要手段包括行业管理、质量规管等。行业管理可分为行业准入和资质管理等。不同于市场准入，行业准入指获得营业执照的市场主体在进入市场后，从事相关行业需要申请获得行业准入资格，具体表现为市场主体向有关行业主管部门申请行业许可证。资质管理指对已获得行业准入资格的市场主体进行具体从业范围的限制，满足行业主管部门要求的从业者方可获得一定级别的从业资质，从事特定行业内相应范围的具体业务。资质管理体制实际上是更加严格的行业质量管理制度。质量管理指制定行业标准，从事相关行业的市场主体须遵从各级行业标准的指引与规定。

法律规制包括制定竞争与并购法律、法律系统的程序性建设和完善。

---

① Veljanovski C, *Economic approaches to regulation*, The Oxford Handbook of Regulation, 2010.

② 王健等：《中国政府规制理论与政策》，经济科学出版社 2008 年版。

③ Veljanovski C, *Economic approaches to regulation*, The Oxford Handbook of Regulation, 2010.

④ 王健等：《中国政府规制理论与政策》，经济科学出版社 2008 年版。

制定竞争与并购法案的目的是防控垄断及垄断利益集团对价格和市场的控制，控制企业兼并所带来的过大的市场权力及风险。法律系统的完善主要指对法律规定、程序以及执行的规范。法律框架建设是对政府规制手段的法律支撑与合法性依据。

（三）政府失灵与行政规制

如上所述，公共利益理论认为政府代表公共利益，这是政府规制合理性的理论出发点。然而，规制俘获理论（Regulatory Capture Theory）描述了另一幅景象。19世纪至20世纪中期，美国学者在经验观察、实证分析的中发现，低效的资源配置并不一定总由市场失灵导致。① 很多情况下，政府作为规制机构制定的规制政策反而有利于规制对象，令整体社会福利受损。这种政府在纠正市场失灵的过程中没有成功纠正市场失灵，反而被规制对象或利益集团俘获，服务于政策对象的利益，这种现象被称为政府失灵。寻租理论认为，政府介入市场活动，会催生利益集团通过各种方式促使政府帮助自己建立垄断地位，获得高额垄断利润。寻租活动是对社会资源的浪费，扭曲了分配格局，这是政府规制市场的内在缺陷。②

因此有学者提出行政规制的必要性，认为应对政府等规制者进行规制。③④ 行政规制指“根据法律法规对规制政策的制定者和执行者所进行的监督和管理”。⑤“行政规制的目的在于更好地监督要与评价经济规制和社会规制机构的规制行为，纠正政府在规制过程中的失灵，提高政府规制效能，促使经济规制与社会规制的规制者能够更好地从社会公共利益角度纠正市场失灵。”⑥

---

① 王健等：《中国政府规制理论与政策》，经济科学出版社2008年版。

② 同上。

③ 刘鹏：《转型中的监管型国家建设：基于对中国药品管理体制变迁（1949—2008）的案例研究》，中国社会科学出版社2011年版。

④ 宋华琳：《国务院在行政规制中的作用——以药品安全为例》，《华东政法大学学报》2014年第1期。

⑤ 王健等：《中国政府规制理论与政策》，经济科学出版社2008年版。

⑥ 同上。

二 第三方规制

第三方在规制体系中可具有多重角色。第三方既可以是作为政府规制对象的市场主体，也可以是协助政府进行规制的合作伙伴。某种程度上，第三方作为社会力量参与政府规制标志着规制国家（Regulatory State）的出现。

第二次世界大战后，受战争冲击的西方国家政府致力于战后重建、经济复苏、与提高社会福利水平，国家的职能与权力边界因此迅速扩张。[1] 随着经济回复至一定水平，直接与全面干预式管制方式逐渐显现弊端。政府凭借自身行政力量无力应对失业、通货膨胀等经济、社会问题。[2]

西方政府规制理论认为，社会力量参与政府规制体系是政府由传统“命令—控制”（Command - Control）体制或干预型国家（Interventionist State）[3] 转向规制国家的重要标志。[4] 控制与干预型国家的依赖高度集中的行政力量制定与执行政策。[5]

第三方资质机构、人士（Third - Party Certifier, Third - Party Verification）是规制国家在行政资源有限的前提下，利用社会力量监管的手段之一。[6][7] 第三方资质机构、人士指外在于政府序列，通过提供验证或服务向政府证明被规制方符合法律法规、行为规范等要求。政府通常要求被规管方必须聘请第三方资质机构、人士，并对其服务支付相关费用。[8] 第三方资质机构受法律法规监管、专业性强，可以有效执行监管任务，减

---

① Yeung K, *The regulatory state*, The Oxford handbook of regulation, 2010.

② Ibid..

③ Majone G, The regulatory state and its legitimacy problems, *West European Politics*, Vol. 22, No. 1, January 1999.

④ Ibid..

⑤ Ibid..

⑥ Hatanaka M, Busch L, Third - Party Certification in the Global Agrifood System: An Objective or Socially Mediated Governance Mechanism? *Sociologia Ruralis*, Vol. 48, No. 1, January 2008.

⑦ McAllister L K, Regulation by Third - Party Verification, *Boston College Law Review*, Vol. 53, No. 1, January 2012.

⑧ Ibid..

轻政府行政压力，但同时存在诸多问题。比如，第三方资质机构、人士是理性行为者，它们行使公权力，同时追求自身利益，两者之间存在冲突。[①] 有些第三方资质机构、人士并未接受合格专业训练，未严格执行资质发放标准，令政府不能过度依赖它们提供的服务。[②] 这些问题提出了建设管理制度的必要性。将第三方资质机构、人士纳入规制体制，要求同时建立起对第三方资质机构、人士的管理制度。制度设计得当、政府监管到位，才有可能使第三方资质机构、人士成为符合有效的政府规制工具。[③]

三 规制之手：转型中国的政府与行政审批中介关系

第三方资质机构、人士范围广泛，形式多样，跨国差异大。[④] 本书所讨论的行政审批中介属中国内地语境下的第三方资质机构范畴。行政审批中介作为辅助政府行使行政审批权的中介组织，是政府借助社会力量进行规制的具体体现。西方文献虽然提出中介管理制度的重要性，但鲜有研究关注行政审批中介的管理制度。目前，中国对政审批中介管理制度的讨论尚处于起步阶段。既有研究主要集中在对行政审批制度改革的研究，比如在历史梳理、[⑤] 制度设计、[⑥] 改革方向、[⑦][⑧] 法律问题、[⑨][⑩] 改革创新[⑪]等方面进行讨论，少有研究集中关注行政审批中介。建立健全行政审批中介管理制度，不仅有利于现阶段保持中国行政审批制度改革成

---

① McAllister L K, Regulation by Third - Party Verification, *Boston College Law Review*, Vol. 53, No. 1, January 2012.

② Ibid..

③ May P J, Performance - based regulation and regulatory regimes: The saga of leaky buildings, *Law & Policy*, Vol. 25, No. 4, October 2003.

④ Thatcher Mark, "Delegation to independent regulatory agencies: Pressures, functions and contextual mediation", *The politics of delegation*, Routledge, 2004, pp. 133 - 180.

⑤ 竺乾威：《行政审批制度改革：回顾与展望》，《理论探讨》2015 年第 6 期。

⑥ 王健：《关于行政审批制度改革的若干思考》，《广东行政学院学报》2001 年第 6 期。

⑦ 张定安：《行政审批制度改革攻坚期的问题分析与突破策略》，《中国行政管理》2012 年第 9 期。

⑧ 沈岿：《解困行政审批改革的新路径》，《法学研究》2014 年第 2 期。

⑨ 王克稳：《行政审批制度的改革与立法》，《政治与法律》2002 年第 2 期。

⑩ 王克稳：《中国行政审批制度的改革及其法律规制》，《法学研究》2014 年第 2 期。

⑪ 应松年：《行政审批制度改革：反思与创新》，《人民论坛·学术前沿》2012 年第 3 期。

果，更对未来政府借助社会力量进行“公私治理”（Public－Private Governance）具有重要意义。

全书分为七个部分。绪论主要阐述本书研究背景、规制理论与研究问题。研究背景部分梳理了中国行政审批制度改革的主要脉络，中介机构发展历程，以及中国行政审批中介机构的发展及制度改革。规制理论部分主要基于西方规制理论，梳理政府规制以及第三方参与政府规制的理论基础，并提出本书关注的研究问题。

第一章为中国建设工程领域行政审批中介发展历程。此章阐述自新中国成立以来中国行政审批中介机构的发展历程以及各阶段的不同特点。此章将中国建设工程领域行政审批中介发展历程分为四个阶段：新中国成立初期、改革开放初期、20世纪90年代，以及21世纪。

第二章为建设工程领域行政审批中介服务及机构概况。此章介绍建设工程领域的主要行政审批中介服务事项，对各项服务进行类型化分析，并依照机构性质分析不同行政审批中介服务机构的职能。

第三章为政府规制：行政审批中介管理制度。此章着重分析政府对行政审批中介的主要规制手段：行业准入规制、市场竞争规制，以及价格规制。行业准入规制部分分析行政主管部门对行政审批中介的资质管理体制；竞争规制部分分析不同行政审批中介服务领域的市场竞争程度；价格规制部分讨论行政主管部门对不同服务领域的价格规制。

第四章为各级行政主管部门规制权力分配机制。此章分析各级行政主管部门对建设工程领域行政审批中介的关系以及监管权限，阐述了国家级、省级与属地行政主管部门与同领域行政审批中介服务机构的关系的迥异不同，以及各级行政主管部门监管权限的不同。

第五章为建设工程领域行政审批中介与服务的问题及原因。基于前几章的分析，此章主要分析既有对行政审批中介规制制度、机制等方面的问题与原因，主要包括制度建设、行政审批中介管理制度、监管权在各级行政主管部门之间的分配、价格规制等方面的问题。

第六章为行政审批中介改革：经验、展望与建议。此章结合美国与中国香港特别行政区的经验，提出进一步深化行政审批中介改革的政策建议，并对行政审批中介作为第三方机构与审批部门实现协作的制度建设和实操方案进行展望。

第一章

中国建设工程领域行政审批中介发展历程

中国建设工程领域行政审批中介机构的发展始于改革开放初期。发展初期具有明显计划经济向放开市场转轨的时代特点。国家开始为企业松绑，允许建设类企业在完成国家任务的基础上，发挥市场主体的自主性，自主经营、多种经营。这使得政府与市场主体之间开始出现一个前所未有的场域。1980 年 5 月，国家基本建设委员会、国家计划委员会、财政部、国家劳动总局、国家物资总局发布《关于扩大国营施工企业经营管理自主权有关问题的暂行规定》，提出："企业在保证完成国家下达任务的前提下，有权根据本身条件和社会需要，自行承揽部分施工任务或发展为施工服务的多种经营。"施工企业由此获得可以接受其他市场主体委托的权力，从事中介活动。

1984 年 9 月，国务院颁布《关于改革建筑业和基本建设管理体制若干问题的暂行规定》,[①] 提出"推行工程招标承包制，推动勘察设计向企业化、社会化方向发展，允许集体和个人兴办建筑业"以及"在城市建立有权威的工程质量监督机构，并实行企业化管理"。这标志着建设工程领域国家政策开始鼓励中介机构发展。

1993 年党的十四届三中全会以后，建设行业开始走向市场化，国家政策国家政策鼓励中介机构承接建设方的委托，为建设方提供中介服务，并开始明确规定政府发挥规则制定以及监管职能。1998 年，国务院办公

---

① 中华人民共和国国务院：《国务院关于改革建筑业和基本建设管理体制若干问题的暂行规定》，1984 年 9 月 18 日（http：//laws. 66law. cn/law – 82895. aspx）。

厅发布《关于印发建设部职能配置内设机构和人员编制规定的通知》（国办发〔1998〕86号），规定“工程建设标准定额、建设项目可行性研究经济评价方法、经济参数、建设标准、建设工期定额、建设用地指标和工程造价管理制度的编制和修订的具体工作，委托直属研究机构和有关社会中介机构承担”。建设部作为行政主管部门负责制定规章以及监管。文件指出，“建设部指导全国建筑活动；规范建筑市场，指导监督建筑市场准入、工程招投标、工程监理以及工程质量和安全；拟定勘察设计、施工、建设监理和相关社会中介机构管理的法规和规章并监督指导；组织协调建设企业参与国际工程承包、建筑劳务合作”，负责“社会中介服务机构的资质批准”。

总体上，中国建设工程领域行政审批中介服务大体经过四个阶段的发展历程。如表1—1所示，第一阶段从新中国成立初期到改革开放；第二阶段为改革开放后市场经济时期；第三阶段为20世纪90年代；第四阶段为21世纪至今。新中国成立以来，国家在政治、经济、社会体制上经历了飞速巨变，这种变化与发展同样体现在建设工程领域的中介服务发展上。总体上，随着国家对建设工程质量安全以及监管意识不断增强，该领域的中介服务呈不断增多趋势。产生于不同阶段的中介服务带有鲜明的时代色彩，并体现了国家不同时期的政策特点和方向。

表1—1　　建设工程领域主要行政审批中介服务发展历程

建设工程领域主要行政审批中介服务发展历程	
一、新中国成立初到改革开放前（1949—1978）	
1	工程造价咨询
2	建设工程勘察、设计
3	除四害
二、改革开放初期（1978—1990）	
1	人防工程设计
2	人防工程施工图审图
3	人防工程施工
4	环评文件编制
5	地质灾害评估

续表

建设工程领域主要行政审批中介服务发展历程	
6	特种设备检测
7	招标代理
8	档案资料管理
三、20 世纪中后期（1990—2000）	
1	环保验收报告编制
2	规划设计
3	地质灾害治理工程勘察
4	地质灾害治理工程设计
5	地质灾害治理施工
6	地质灾害治理工程监理
7	建设工程施工图审图
8	建设工程施工
9	建设工程监理
10	视频监控
11	现状测绘（综合管线图）、房产、宗地图测绘
12	工程检测
13	雷电灾害风险评估
14	防雷装置检测报告编制
15	水土保持方案编制
16	水土保持监测报告编制
17	水土保持设施竣工验收报告编制
四、21 世纪以来（2000 年至今）	
1	职业病危害预评价
2	职业病防护设施设计
3	职业病危害控制效果评价
4	防雷装置设计与施工
5	防雷装置设计技术评价报告编制
6	节能评估文件编制
7	专家评审

资料来源：笔者自制。

第一节　新中国成立到改革开放前（1949—1978年）

虽然新中国成立初期并不存在“中介机构”的概念，但有三项目前存在于建设工程领域的行政审批中介服务这时就已经存在。这几项服务或为建设工程的基本环节、或带有浓厚的政治运动色彩，并直接借鉴前苏联经验。这些服务包括“工程造价咨询”“建设工程勘察设计”和“除四害”。

（一）工程造价咨询

新中国成立初到改革开放的30年，中国基本沿用了苏联工程造价管理模式，即计划经济体制下的高度统一的定额，缺乏市场调节的工程造价，严重背离商品价值的计划价格，从客观上限制了工程造价管理科学的发展。虽然各级造价管理部门不断地颁发规定、办法、细则等，在实践中对工程造价的确定与控制起到一定的作用，但这只是在计划经济体制总的框架下的修修补补，没有起到根本的作用。

工程造价领域在行业协会的发展上起步较早，1990年中国建设工程造价管理协会正式成立，由从事工程造价咨询服务与工程造价管理的单位及具有注册资格的造价工程师和资深专家、学者自愿组成。现时已发展成为具有全国——地方两级规模的协会架构。20世纪90年代中期，国内逐步形成了工程造价咨询市场，在工程造价咨询业发展的初期，从业的主要是设计单位、建设银行、政府造价管理部门设立的工程造价咨询机构，以及部分私营和个体从业者。

针对实际操作中出现的规则漏洞和市场机制的缺失，借助计价标准的作用进行工程造价的灵活控制，推行总体价格放开、局部价格直接控制的策略很有必要。2000年，建设部发布的《工程造价咨询单位管理办法》（建设部令第74号，以下简称《办法》）是第一份对工程造价咨询行业作出管理规定的条例，对造价咨询机构分为甲、乙两级的资质体系。

2003年，建设部在工程建设项目招投标中，推行了工程量清单计价方式，发布了《建设工程工程量清单计价规范》（GB50500－2003），该规范的实施是工程造价管理体制改革的一个里程碑，它标志着工程造价实现了在政府宏观调控下的，通过市场竞争形成机制的正式确立。

2006 年发布的《工程造价咨询企业管理办法》(建设部令第 149 号，以下简称“新《办法》”) 取代 2000 年《办法》，新《办法》在沿用两级资质体系的基础上明确其资质标准、许可程序及业务范围。近年来，多个省市各自根据地方实际及相关法律法规制定地方性的建设工程造价管理办法，规范造价咨询领域的行业纪律。截至 2010 年年底，中国共有甲级资质咨询企业 1923 家，形成了年产值近 240 亿元的工程造价咨询产业。

(二) 建设工程勘察、设计

新中国成立后，工程勘察业逐渐形成独立的技术队伍。1953 年，根据国务院“关于区域规划、城市规划和镇规划所需的地形测量、工程地质和地下水资源勘测等工作，均由城市建设部统一组织有关部门分工进行”的决定，国家相继组建了中央部属和地方的勘察机构，各勘察单位的体制、技术理论、技术装备和测试手段基本是沿用苏联的经验。随着国家基本建设的发展，工程勘察的地位日趋重要，勘察队伍逐步壮大，有的从设计院内独立出来，成立了专业勘察单位。60 年代的上山下乡运动造成的机构变动、外迁，使得勘察单位及人员大为减少。直至实行改革开放，进入 80 年代后工程勘察单位迅速增加，呈现蓬勃发展的势头。

随着改革开放的深入发展，计划经济体制的遗留问题逐渐显现，如体制不合理，导致经营管理人员责任和利益不分，人员管理难以做到优胜劣汰，职工的生产和自我提高业务技能的积极性不高。鉴于此，国家开始启动建设工程勘察、设计单位的体制改革。1999 年颁布的《国务院办公厅转发建设部等部门关于工程勘察设计单位体制改革若干意见的通知》(国办发〔1999〕101 号) 和 2000 年颁布的《国务院办公厅转发建设部等部门关于中央所属工程勘察设计单位体制改革实施方案的通知》(国办发〔2000〕71 号)，明确了勘察设计体制改革的指导思想、主要目标和配套政策，给予了改企单位所得税减免、设计收费标准提高和离退休人员参加社会养老保险的优惠政策。另外，同年发布的《建设工程勘察设计管理条例》(国务院令〔2000〕293 号) 明确了“坚持先勘察、后设计、再施工”的原则，确立了从事建设工程勘察、设计活动的单位实行资质管理制度，同时规定勘察设计的发包承包工作的具体措施和勘察设计文件的编写与修改的原则。

2001年建设部颁布《建设工程勘察设计企业资质管理规定》(建设部令第93号，以下简称《规定》)，标志着建设工程勘察设计资质管理体制的正式确立。2007年《建设工程勘察设计资质管理规定》(建设部令第160号)及其实施意见生效，《规定》于2007年废止。建设部令第160号的出台进一步规范了建设工程勘察设计资质管理办法。工程勘察资质分为工程勘察综合资质、工程勘察专业资质、工程勘察劳务资质三类；工程设计资质分为工程设计综合资质、工程设计行业资质、工程设计专业资质和工程设计专项资质，不同类别间设定了不同的级次。目前，中国工程勘察设计行业已形成了庞大市场。

(三) 除四害

以“除四害”为标志的爱国卫生运动在新中国成立初期经已存在。1949—1952年，为了改变旧中国不卫生状况和传染病严重流行的现实，全国普遍开展“爱国卫生运动”。爱国卫生运动是一场在中央防疫委员会领导下的群众性卫生运动，有效地消灭了大量老鼠和蚊蝇。

1956年中央政治局发布《一九五六年到一九六七年全国农业发展纲要(草案)》，这是当时国家发展农业的纲领性文件。其中第二十七条提出对除四害的要求，“从1956年开始，分别在5年、7年或者12年内，在一切可能的地方，基本上消灭老鼠、麻雀、苍蝇、蚊子”。这是第一次明确提出“除四害”的概念。自此爱国卫生运动与“除四害”建立起密切的关联。1960年全国人大通过的《1956—1967年全国农业发展纲要》把“除四害，讲卫生”列入“纲要”的内容。

改革开放以来，爱国卫生运动进入了一个新的历史时期。1978年，国务院《关于坚持开展爱国卫生运动的通知》要求各地爱国卫生运动委员会及其办事机构，把卫生运动切实领导起来。

1989年《中华人民共和国传染病防治法》(以下简称《传染病防治法》)发布，开启中国传染病防治的法制化进程。2004年，《中华人民共和国传染病防治法》修订案中明确规定传染病预防工作中“各级人民政府组织开展群众性卫生活动，进行预防传染病的健康教育，倡导文明健康的生活方式，提高公众对传染病的防治意识和应对能力，加强环境卫生建设，消除鼠害和蚊、蝇等病媒生物的危害”。实行预防为主的方针，防治结合，分类管理，规范传染病的预防与控制工作。各省市爱卫会按照本地区实际作出相关的病媒生物预防控制管理规定，以具体化“除四害”的地区工作。

2009年，全国爱卫会、卫生部联合颁布《病媒生物预防控制管理规定》（以下简称“规定”），规定病媒生物预防控制工作实行单位责任制，对防治服务机构作出要求，规定“省、自治区、直辖市爱卫会办公室可以对具备合法资质、有完整的病媒生物预防控制操作规程、有与业务量相适应的专业知识和技能培训合格的技术人员、有符合要求的经营设备、收费合理的病媒生物预防控制服务机构建立公示制度”。

根据地方实际和《规定》精神，各省陆续出台相关的地方管理规定。比如，2012年1月，《广东省病媒生物预防控制管理规定》（粤府令第167号）正式施行，一是要求单位和个人完善防蚊、防蝇、防鼠设施，堵鼠洞，填缝补隙以防蟑螂藏匿滋生；二是规定规划建设和工程设计施工应对注意病媒生物预防控制，采取改造环境、控制病媒生物滋生地、防范及杀灭等综合防治措施；三是规定“凡开设病媒生物预防控制有偿服务机构或者增加此类经营项目的，应当经县级以上工商行政管理部门注册登记，依法领取营业执照或者变更经营范围后方可营业，并在领取营业执照后10个工作日内向所在地同级爱国卫生运动委员会办公室备案”。①

第二节　改革开放初期(1978—1990年)

改革开放后，中国完成了从计划经济向社会主义市场经济的转变。随着市场逐渐开放，特别是中国的法制化进程的推进，产生一些新的中介服务领域，前一阶段已经存在的中介服务领域也有了新的发展。

（一）人防工程设计

新中国成立初期基本不存在从事人防工程设计的机构。当时的人防工程多为一些简易防空壕、防空洞，工程数量和单个工程面积都极其有限。20世纪60年代末70年代初，积极响应“要准备打仗”和“深挖

① 《广东省病媒生物预防控制管理规定》，粤府令第167号，2012年1月19日（http：//zwgk. gd. gov. cn/006939748/201201/t20120130_302349. html）。

洞”的号召，全国范围掀起群众性的修建人防工程的热潮。但此时还不存在系统工程设计。由于缺少统一规划和经验，加上设计力量和施工技术落后，这一时期修建的人防工程面积普遍存在矮窄小的特点，且防空工事布局不够合理、抗毁能力较差，防护密闭等配套设施也不完善。

改革开放之后，人防工程走向专业化，出现系统工程设计，由人防主管部门负责设计。1996 年，《中华人民共和国人民防空法》颁布，中国的人民防空工作开始步入法制化、正规化、制度化的管理轨道。2002 年国家人防办出台《人防设计单位体制改革意见》（国人防〔2002〕170 号），要求加快人防工程设计单位产权结构调整，使其成为独立的法人实体和市场主体。人防工程设计开始有市场化的迹象。2009 年制定的《人民防空工程设计资质管理规定》（国人防〔2009〕281 号），确立了国家人防主管部门负责全国人防工程设计资质的统一监督管理的原则，批准市场参与人防工程设计，明确了资质分类、业务范围和分级标准，具体落实到申请和审批程序。同时，根据《关于进一步推进人民防空工程设计工作改革与发展的意见》（国人防〔2009〕279 号），2010 年底人防工程设计管理体制基本建立。2013 年，国家人防办颁布《工程设计行政许可资质管理办法》（国人防〔2013〕417 号），规定了设计单位的准入条件及申请办理事宜，明确了监督管理及相关法律责任。

（二）人防工程施工图审图

改革开放之后，随着人防工程逐渐专业化，审图机制也逐渐完善。2002 年，《关于开展人防工程施工图审查的通知》（国人防办字〔2002〕31 号）对审图工作做出了一些规定：重申人防工程施工图审查的重要性，依法完善人防工程施工图审查制度；并规定人防工程施工图按照人防工程建设规模和计划审批权限，由各级人防主管部门组织并委托取得人防工程施工图设计文件审查许可证的有关审查机构具体实施。启动阶段依托人防工程设计院（所）成立过渡性审查机构，条件成熟后再按独立法人的中介机构逐步进行改革和完善；明确审查属于有偿服务，费用由建设单位承担。2005 年国家人防办出台《人民防空地下室设计规范》（GB50038－2005），为审图提供细致可行的依据和标准。

2009 年《关于进一步推进人民防空工程设计工作改革与发展的意见》（国人防〔2009〕279 号）规定了施工图设计文件审查的执行指导意见，

进一步完善人防工程施工图设计文件审查制度。同年，国家人民防空办公室出台《人民防空工程施工图设计文件审查管理办法》（国人防〔2009〕282号），对审图机构的资质和报审文件及审查要求都有明确的规定，对合资格的单位发给《人防工程施工图设计文件审查资格证》。

（三）人防工程施工

改革开放后，人防工程建设由发动群众义务劳动构筑防空洞，发展为有规划地结合民用建筑修建防空地下室和结合城市建设修建大型永久性人防工程，施工力量也由普通群众转换为专业施工队伍。

20世纪80年代后，进行施工的单位需要具备《人防工程防护设备生产许可证》、省级《人防工程防护设备产品备案证书》、《人防防护设备定点生产和安装企业资格认定证书》，但国家对如何获取资质没有做出要求。

2004年，国家人防办制定《人民防空工程施工及验收规范》（GB50134－2004），依照实际发展为施工提供具体的技术参数和修建标准。2009年，《人民防空工程设计资质管理规定》（国人防〔2009〕281号）规定满足资质条件的施工单位可参与人防工程设计工作，从事资质证书许可范围内相应的人防建设工程总承包业务。

（四）环评文件编制

环境影响评价简称“环评”，是指对规划和建设项目实施后可能造成的环境影响进行分析、预测和评估，提出预防或者减轻不良环境影响的对策和措施，进行跟踪监测的方法与制度。

改革开放初到20世纪后期，中国生产建设项目大多着眼于生产成效和经济建设，往往采取“先发展，后治理”的经营模式，使得当时生态环境受到严重威胁。20世纪70年代，中国开始引入与推行环境影响评价。1979年《中华人民共和国环境保护法（试行）》（以下简称《环境保护法（试行）》）中，规定新建、改建和扩建工程必须提出对环境影响的报告书，由此确立了中国的建设项目环境影响评价制度。1998年国务院发布《建设项目环境保护管理条例》（国务院令第253号），正式规定国家实行建设项目环境影响评价制度。2003年《中华人民共和国环境影响评价法》正式颁布实施。2006年，国家环保部设立第一批试点地区。此后，又陆续批准多个省市作为规划环评试点省份和城市，河北省、山东省、吉林省、上海市等省市也相继配套出台地方性规章制度，推动规划环评的实施。同年《建设项目环境影响评价资质管理办法》（国家环境保护总局令第26号）颁布，规定了环评机构分为甲、乙两级及其准入门槛和监管措施。2011年，环保部出台《环境影响评价技术导则总纲》（HJ2.1－2011），[①] 作为环评机构行业指引。目前部分环评机构存在评价体系不健全、执行不到位的状况。[②]

（五）地质灾害评估

中国的地质灾害评估制度于20世纪80年代开始兴起，国家重视地质灾害评估工作最直接的原因是施工工程及其他人为活动引发的地质灾害使得灾种增多、频度增高、危害性增大，对经济建设及人民生命财产造成巨大的损失。外部原因是包含地质灾害在内的自然灾害治理此时成为国际议题，1987年第42届联合国大会通过的第169号决议，决定从1990年开展国际减灾十年活动，宗旨是通过一致的国际行动，减轻自然灾害带来的生命、财产损失。当时地质灾害评估体系处于发展初期，尚未形成系统完善的理论与方法体系，也匮乏统一的评价标准。

1999年国土资源部发布并实施了《地质灾害防治管理办法》（国土资源部第4号令），为地质灾害防治管理工作提供了法律保障，将防治地质灾害纳入了法制轨道，同年又下发了《关于实行建设用地地质灾害危险性评估的通知》（国土资发〔1999〕392号），地质灾害危险性评估工作已成为国家强制执行的建设要求之一。

国家对地质灾害危险性评估单位的资质管理制度也随之建立。2004年《地质灾害防治条例》（国务院令第394号）正式实施，规定了地质灾害易发区内进行工程建设应当在可行性研究阶段进行地质灾害危险性评估，并对评估单位实行资质管理制度。同年，国土资源部发布了《国土资源部关于加强地质灾害危险性评估工作的通知》（国土资发〔2004〕69号），制定了《地质灾害危险性评估技术要求（试行）》，并规定对地质

---

① 中华人民共和国生态资源部：《建设项目环境影响评价技术导则总纲》（HJ2.1－2016代替HJ2.1－2011），2016年12月8日（http：//bz.mep.gov.cn/bzwb/other/pjjsdz/201612/t20161214_369043.shtml）。

② 环评灰色链条：《至少88家环评机构存在各种问题》，2013年7月11日，大公网（http：//finance.takungpao.com.hk/hgjj/q/2013/0711/1752799.html）。

灾害危险性评估成果实行备案制度。2005 年《地质灾害危险性评估单位资质管理办法》（国土资源部令第 29 号）对地质灾害危险性评估机构资质管理做出规定，按照不同业务范围和审批条件分为甲、乙、丙三等。

2011 年《国务院关于加强地质灾害防治工作的决定》（国发〔2011〕20 号）发布，规定“在地质灾害易发区内进行工程建设，要严格按规定开展地质灾害危险性评估，严防人为活动诱发地质灾害。强化资源开发中的生态保护与监管，开展易灾地区生态环境监测评估”。

（六）特种设备检测

中国特种设备检测呈现从无到有，从单一到多样，从基本到复杂的发展态势。1988 年，劳动部发布《关于颁发〈劳动部门锅炉压力容器检验机构资格认可规则〉的通知》（劳锅字〔1988〕4 号），这是中国早期的特种设备检测机构资格认定规则文件。

随着特种设备在社会的应用日趋广泛，为避免发生相关的安全事故、促进安全生产，国家对特种设备的监督和管理不断深化。2003 年，《特种设备检验检测机构管理规定》（国质检锅〔2003〕249 号）规定了检测机构的工作规范和准入条件。

2003 年 3 月，《特种设备安全监察条例》（国务院令〔2003〕373 号）出台，第二十一条规定“锅炉、压力容器、压力管道元件、起重机械、大型游乐设施的制造过程和锅炉、压力容器、电梯、起重机械、客运索道、大型游乐设施的安装、改造、重大维修过程，必须经国务院特种设备安全监督管理部门核准的检验检测机构按照安全技术规范的要求进行监督检验；未经监督检验合格的不得出厂或者交付使用”。因此，建设工程如涉及特种设备安装则须委托行政审批中介进行监督检验。检验检测机构作为行政审批中介，其资质由国务院主管部门审批发放。

《特种设备安全监察条例》第四十二条规定，从事条例“规定的监督检验、定期检验、型式试验检验检测工作的特种设备检验检测机构，应当经国务院特种设备安全监督管理部门核准”。2009 年 1 月，国务院发布国《关于修改〈特种设备安全监察条例〉的决定》（国务院令〔2009〕549 号）出台，将四十二条调整为四十一条，内容不变。

2004 年，国家质量监督检验检疫总局发布《特种设备检验检测机构核准规则》（TSG Z7001－2004），第五条规定“国家质量监督检验检疫总局和省级质量技术监督部门为核准机关。国家质检总局负责受理、审批综合检验机构和无损检测机构，并颁发《特种设备检验检测机构核准证》（以下简称《核准证》）；省级质量技术监督部门负责受理、审批其他检验检测机构（含只申请房屋建筑工程及市政工程工地的起重机械和场（厂）内专用机动车辆检验的检验机构），颁发《核准证》。特种设备综合检验机构的核准条件分为甲、乙和丙三类。对获得核准的机构，分别简称为甲类、乙类和丙类机构，其中，乙类和丙类机构只能在省级质量技术监督部门限定的区域内从事检验工作”。

2013年《中华人民共和国特种设备安全法》发布，进一步强调了特种设备检测的重要地位。第五十条规定“从事本法规定的监督检验、定期检验的特种设备检验机构，以及为特种设备生产、经营、使用提供检测服务的特种设备检测机构，应……经负责特种设备安全监督管理的部门核准，方可从事检验、检测工作”。

（七）招标代理

20世纪80年代，中国开始在工程建设等项目方面引进投标招标制度。1983年6月7日，城乡建设环境保护部印发了《建筑安装工程招标投标试行办法》，这是建设工程招标投标的第一个部门管理规定，也是中国第一个对招标投标做出较详尽规定的办法。这意味着中国招标投标法制建设开始起步，但那时并不存在招标代理机构。随着中国建设工程招标投标事业经历试点、推行、规范、完善这一发展过程，国家和地方又相继出台了一系列法规、规章和规范性文件。与此同时，实行招标发包的工程项目逐年增加，招标范围也从单纯的施工招标逐步扩大到勘察、设计、材料设备采购、监理咨询等工程建设的其他领域[①]，招标的中介机构数量和类型也慢慢增多。1997年《中华人民共和国建筑法》颁布，是中国第一次以法律形式对建设工程招标投标活动做出明确规定。

1999年《中华人民共和国招标投标法》正式实施，在法律上确立了招标代理制度。该法是规范招标投标行为的基本法，其规定的强制招标

① 洪江浩：《我国建设工程招标代理发展现状及对策研究》，硕士学位论文，四川大学，2007年。

范围主要针对工程建设项目，它的颁布和实施，标志着中国工程招标投标工作全面步入规范化法制轨道。

2000 年颁布的《工程建设项目招标代理机构资格认定办法》(建设部令第 79 号)，首次将招标代理机构分为甲、乙两级，并规定其资格认定条件及业务范围。2007 年颁布的《工程建设项目招标代理机构资格认定办法》(建设部令第 154 号) 将招标代理机构分为甲、乙及暂定级三类，在原有认定办法的基础上结合社会实际发展对具体的认定条款及业务范围有所调整。2011 年发布的《招标投标法实施条例》(国务院令第 613 号) 规定建设工程项目招标代理由住建部门监督管理，开展业务需要具备相关资格认证。

(八) 档案资料管理

建设工程竣工后，档案资料应经整理移交进入档案馆。根据规定，建设、勘察、设计、施工、监理等单位将本单位在工程建设过程中形成的文件向本单位档案管理部门移交；勘察、设计、监理、施工等单位将本单位在工程建设过程中形成的文件向建设单位档案管理机构移交；建设单位按照现行建设工程文件归档整理规范要求，将汇总的该建设工程文件档案向地方城建档案管理部门移交。

1984 年，国家计委、国家档案局发布《关于做好基本建设项目档案资料管理工作的通知》(国档会字〔1984〕第 5 号)，一是明确在工程建设过程中，工程建设的现场指挥机构要有一位负责人分管档案资料工作，并建立与档案资料工作相适应的管理部门、配备胜任工作的人员（包括必需的技术人员）、制定严格的管理制度，集中统一管理工程项目的档案资料；二是规定在竣工投产、交付使用前，工程建设的现场指挥机构要将完整的工程建设的档案资料向建设单位移交，为档案资料整理中介机构以及市场的出现提供了文件依据。

1992 年，浙江省建德市、湖州市出现的档案事务所揭开了中国档案中介机构建设序幕。随着档案管理市场的发展，1997 年颁布的《城市建设档案管理规定》(建设部令第 61 号) 使得城建项目档案资料的管理有法可依，但各地出台相应的实施细则才更使城建档案资料的管理有规可循，使城建档案资料的管理具有可操作性。[①]

1987年《档案法》颁布，1996年全国人大通过《关于修改〈中华人民共和国档案法〉的决定》，规定由档案行政部门主管档案事业，各级各类档案馆，机关、团体、企业事业单位和其他组织的档案机构，应当建立科学的管理制度；配置必要的设施，确保档案的安全；采用先进技术，实现档案管理的现代化。

中国迄今还没有专门规范档案服务中介的法规和资质管理规定，但一些地方已对档案中介服务有所规范，如2004年浙江省档案局制定的《浙江省档案中介服务管理办法（试行）》；2010年苏州人大常委会制定的《苏州市档案条例》指出“档案中介服务机构从事档案整理、鉴定、寄存、数字化转换等服务，应当接受档案行政管理部门的监督和指导”。城建档案馆与档案中介服务机构签订相关协议，由中介负责前端或延伸服务。

此外，国家还先后出台了一系列技术规范。2001年，《2000—2001年度工程建设国家标准制订、修订计划》（建标〔2001〕87号）出台，按照文件要求制定出国家标准《建设工程文件归档整理规范》（GB/T50328－2001）[②]。当前，整体上档案整理标准依照《科学技术档案案卷构成的一般要求》（GB/T11822－2008）、《国家重大建设项目文件归档要求与档案整理规范》（DA/T28－2002）和《建设工程文件归档整理规范》（GB/T 50328－2014）执行。

第三节　20世纪90年代(1990—2000年)

20世纪90年代中国开始全面进入社会主义市场经济时期，市场进一步开放，与国际逐渐接轨，法制建设也进入强化完善期。此背景下，建设工程行政审批中介服务也进入蓬勃发展期。很多新的行政审批中介服

① 伍淑妍：《建设工程档案资料管理存在的问题与对策》，《广州市经济管理干部学院学报》2002年第3期。

② 《建设工程文件归档整理规范》（GB/T 50328－2001）于2014年废止，被《建设工程文件归档规范》（GB/T 50328－2014）取代。

务领域都在这一时期涌现。

（一）环保验收报告编制

改革开放以来，中国的工业生产快速发展，治理由此产生的大量废水、废气和废渣成为中国的环境管理工作的焦点。各类建设项目是经济发展的“发动机”和污染排放的源头，成为环境影响评价的出发点。① 为避免继续走“先发展，后治理”的发展道路，中国继 20 世纪 70 年代引入的环评制度后，1981 年首次对环保验收提出要求。国务院环境保护委员会、国家计委、国家经委联合发布的《基本建设项目环境保护管理办法》[（81）国环 12 号文] 规定“基本建设项目竣工验收，须有环境保护部门参加，对环境保护措施的执行情况及其效果进行检查。环境保护设施没有建成或达不到规定要求的，不予验收，不准投产；强行投产的，要追究责任”。结合实际经验，国家意识到环保设施要与主体工程进行联动，于 20 世纪 90 年代末对建设项目环保验收环节做出“三同时”的要求。随着管理体制的完善 1998 年国家环境保护总局成立，正式立例规管环保验收制度是在同年颁布《建设项目环境保护管理条例》（国务院令第 253 号），规定环保验收需与工程竣工验收同时进行。2001 年国家环境保护总局发布《建设项目竣工环境保护验收管理办法》（国家环境保护总局令第 13 号）规定了建设项目竣工环境保护验收范围、条件、程序等。

一直以来，中国关于环境保护的标准较低，不利于与国际接轨，且环保产业整体发展水平较低，环保产业的总体竞争力相当有限。2001 年，中国正式加入世贸组织后，国家积极推行战略环评的法制化工作；2003 年《中华人民共和国环境影响评价法》正式实施，借此加强和规范了国家对环保事业的管理，应对国际经贸往来中存在的“绿色门槛”，促进经济可持续发展、减少产业污染的有效举措。

（二）规划设计

20 世纪 90 年代中后期，中国规划设计市场逐步开放。1997 年建设部出台《建设工程勘察和设计单位资质管理规定》（建设部令第 60 号，以下简称《管理规定》），明确了建筑规划设计实行资质管理，将资质分为

① 丁玉洁、刘秋妹、吕建华等：《中国环境影响评价制度化与法制化的思考》，《生态经济》2010 年第 6 期。

甲、乙、丙、丁四等。《管理规定》还明确了各资质的业务范围、申请及审批标准，制定起明确的行业准入标准。

进入21世纪，规划设计的市场进一步开放。2001年，国务院在减少政府审批项目，实现政府管理价格职能的重要转变，取消对城市规划设计价格的指令性计划，明令开放提供服务的价格。价格放开是城市规划设计市场开放的信号。2002年通过、实施的《外商投资建设工程设计企业管理规定》（建设部、对外经济贸易部令第114号），允许外商参与规划设计投资领域，促进合理市场竞争、活化产业创新。2010年勘察设计行业中建筑设计企业数量为4503个，其中具有甲级资质的企业数量为1375个，占30.54%；乙级资质的企业1453个，占32.27%；丙级资质企业1560，占34.64%；其他企业115家。2011年建筑设计企业总数达到7000多家，拥有甲级资质的企业占30%，全国总建造面积增加20亿平方米。[①]

（三）地质灾害治理工程勘察

随着社会主义市场经济的发展，国家地质灾害治理工程的勘察、设计领域的规范逐渐增强。1993年，中国先后颁布了地质灾害防治工程勘察、设计、施工、监理单位资质管理办法，[②] 将勘察设计作为合并项目处理，避免多头管理和无法可依。1999年，国土资源部正式成立并发布《地质灾害防治管理办法》（国土资源部第4号令），对地质灾害的防治工作做出全局性的管理部署，规定参与地质灾害治理的勘察单位需要取得相应的资质方可从事该项业务。

建筑施工中出现人为引发的地质灾害影响到正常的生产及群众的生命财产安全。为提高建设单位对地质灾害的重视，2004年开始实施的《地质灾害防治条例》（国务院令394号）对地质灾害治理工程勘察机构做出了指导性规定。同时为细化法规，明确操作性条款，于2005年颁布的《地质灾害治理工程勘查设计施工单位资质管理办法》（国土资源部令

① 《二〇一三年中国建筑设计行业发展回顾与展望报告》，中国产业调研网（http：//www.cir.cn/2013-03/JianZhuSheJiDiaoYanBaoGao.html）。

② 国土资源部：《关于印发〈地质灾害防治工作规划纲要〉的通知》，国土资发［2001］79号，2001年3月2日（http：//www.gov.cn/gongbao/content/2002/content_61933.htm）。

第30号）将勘察与设计分立为两个独立项目，同时对指导性规定做出具体化的操作办法。规定国土资源部门负责地质灾害治理工程勘察单位的资质审批及甲、乙、丙三等机构的资质标准及业务范围，为市场参与地质灾害治理工程勘察提供准入渠道及门槛标准。其后数年国土资源部针对地质灾害治理勘察当中的不同项目分别制定了防治工程治理勘察规范，令勘察工作有了统一的国家标准。

（四）地质灾害治理工程设计

1993年，中国开始对从事地质灾害治理工程设计的单位采取资质管理体制。《地质灾害防治工程勘查—设计单位资格管理办法（试行）》（地发〔1993〕207号）明确了执业参与机构的资格申请条件。1998年由地质矿产部、国家土地管理局、国家海洋局和国家测绘局共同组建国土资源部正式成立，地质灾害的防治管理工作的指导和组织机构得以综合化，地质灾害防治工作进入新阶段。1999年，国土资源部颁布《地质灾害防治管理办法》（国土资源部第4号令），规定治理责任人拟订的地质灾害治理方案，应当符合国务院地质矿产行政主管部门规定的地质灾害治理工程设计规范；同时设计单位需要获得相应的资质证书。2004年正式实施的《地质灾害防治条例》（国务院令394号）建立起建设工程配套实施的地质灾害治理工程的“三同时”制度，规定地质灾害治理工程的设计应当与主体工程的设计同时进行；设计单位需具备国土资源主管部门颁发的等级的资质证书方可从事地质灾害治理工程的设计工作。

为了配合《地质灾害防治条例》的实施，国家制定了地质灾害工程设计的资质管理办法。2005年出台的《地质灾害治理工程勘查设计施工单位资质管理办法》（国土资源部令第30号），规定国土资源部门负责地质灾害治理工程设计单位的资质审批及甲、乙、丙三等机构的资质标准及业务范围，为市场参与地质灾害治理工程设计提供准入渠道及准入标准。

随着地质灾害防治行业不断发展，2012年中国地质灾害防治工程协会成立。此协会是由专家、学者、行业内有影响力的个人、国土资源各省级主管部门和从事地质灾害防治工作的甲级资质单位所共同组成的非营利社会团体，属于国家一级协会。2013年，协会按照国土资源部文件精神组织制定地质灾害治理工程设计及其他行业的标准规范。协会会员遍及全国各地，为获得不同等级许可从事设计、勘察或施工的资质机构。

（五）地质灾害治理施工

国家对地质灾害治理施工的管理也起步于20世纪90年代。此前国家并未建立对大规模建设工程中受到地质灾害的严重制约和威胁，诱发严重的次生地质灾害的管理机制。直至1999年，国土资源部发布了《地质灾害防治管理办法》（国土资源部4号令），这是中国政府部门作为行业归口管理第一次出台适用于全国的地质灾害防治管理的规范性文件。

2004年正式实施的《地质灾害防治条例》（国务院令第394号）列明地质灾害治理工程的施工应当与主体工程的施工同时进行，建立起建设工程配套实施的地质灾害治理工程的“三同时”制度，施工单位需具备国土资源主管部门颁发的等级的资质证书方可执业，以期减轻或避免人为因素导致的负面影响。2005年，《地质灾害治理工程勘查设计施工单位资质管理办法》（国土资源部令第30号）规定国土资源部门负责地质灾害治理施工单位的资质审批以及甲、乙、丙三等机构的资质标准及业务范围，为市场参与地质灾害治理施工提供准入渠道及门槛标准。

（六）地质灾害治理工程监理

在国家对地质灾害治理工程勘察、设计、施工单位采取资质管理的同一时期，地址灾害防治工程监理资质管理制度也建立起来。1993年《地质灾害防治工程监理单位资格管理办法（试行）》（地发〔1993〕207号）颁布，地质灾害治理工程监理的资格准入制度正式落实，作为开放相关领域市场促进社会参与的首要行动。

建筑施工中出现人为引发的地质灾害影响到正常的生产及群众的生命财产安全，提高了建设单位对地质灾害的重视，因而于2004年正式实施的《地质灾害防治条例》（国务院令第394号，以下简称《条例》）建立起建设工程配套实施的地质灾害治理工程的“三同时”制度，规定地质灾害治理工程的验收应当与主体工程的验收同时进行；建立单位需具备国土资源主管部门颁发的等级的资质证书方可执业。设立地质灾害防治工程监理制度，适应了国家基本建设项目管理体制改革的要求，提高了工程管理的专业化水平。它改变了旧有的工程管理模式，由于实行了总监负责制，明确了工程参建各方的权利和义务，并清楚地界定了各参建单位的职责，增强了参建人员的责任心。

2005 年，与《条例》配套的《地质灾害治理工程监理单位资质管理办法》（国土资源部第 31 号令）出台，规定甲、乙、丙三个等级的资质监理单位的业务范围和监督管理办法，为市场参与提供准入制度和门槛。

2012 年成立的中国地质灾害防治工程协会对地质灾害治理工程监理机构也起到行业内监督，规范行业市场和从业人员执业行为的积极作用。协会于 2013 年组织制定地质灾害治理工程监理行业的标准规范。[①]

（七）建设工程施工图审图

工程设计市场化后，工程设计的质量管理被提上日程。1998 年中国的建筑工程施工图审查工作正式开始试点。2000 年国务院发布《建设工程质量管理条例》（国务院令第 279 号，以下简称《条例》），要求在全国范围对施工图文件上报审查，不合格者不获发施工许可证。《条例》和同年发布的《建设工程勘察设计管理条例》（国务院令第 293 号）确立了施工图审查制度的法律地位。2000 年，建设部制定了《建筑工程施工图设计文件审查暂行办法》（建设〔2000〕41 号），对建筑工程施工图审查的内容、审查的程序、审查机构的资质等提出了明确的要求。另外，《建筑工程施工图设计文件审查有关问题的指导意见》（建设〔2000〕21 号）规定了施工图报审和审查批准程序。

2004 年建设部发布《房屋建筑和市政基础设施工程施工图设计文件审查管理办法》（建设部令第 134 号），当中规定审查机构是不以营利为目的的独立法人，按承接业务范围分两类详细列明其资格条件。2013 年原有建设部令第 134 号废止，替代为《房屋建筑和市政基础设施工程施工图设计文件审查管理办法》（住建设部令第 13 号），针对社会发展现状做出相应改变和调整，提高了审图机构的准入门槛。

（八）建设工程施工

1984 年，国务院曾发布《关于改革建筑业和基本建设管理体制若干问题的暂行规定》（国发〔1984〕123 号），标志着建筑业成为最先开放市场和进行全方位改革的行业之一。1998 年《中华人民共和国建筑法》（以下简称《建筑法》）正式实施，规定了施工许可证的相关制度，从业

① 中国地质灾害防治工程行业协会：《关于征求〈地质灾害防治工程监理预算标准〉意见的函》（中地灾防协函〔2016〕21 号），http：//www. caghp. org/html/14671008552005. html。

资格和工程发包承包事项的法律依据。为配合《建筑法》的落实，2001年《建筑业企业资质管理规定》（建设部令第87号）正式实施，规定建筑业企业资质分为施工总承包、专业承包和劳务分包三个序列，为其提供市场准入标准，设立资质分类分级的说明以及申请手续流程。2001年，建设部会同铁道部、交通部、水利部、信息产业部、民航总局等有关部门组织制定的《建筑业企业资质等级标准》（建设〔2001〕82号）开始施行，对施工涉及的工序流程中承包分包的三类企业按照工程性质分别出台具体的资质等级和项目标准，分为三大部分：施工总承包企业资质等级标准包括12个标准、专业承包企业资质等级标准包括60个标准、劳务分包企业资质标准包括13个标准。2007年，原有的建设部令第87号废止，根据社会实际发展发布《建筑业企业资质管理规定》（建设部第159号令），对申请资格审批和监管做出调整。

工程发包、承包方面，2001年建设部发布了《建筑工程施工发包与承包计价管理办法》（建设部令第107号），规定了建设工程施工发包与承包计价包括编制施工图预算、招标标底、投标报价、工程结算和签订合同价等活动的规范和指引。

2013年建设部第107号令被《建筑工程施工发包与承包计价管理办法》（住建部第16号令）替代，当中新增或补充了工程量清单制度、最高投标限价制度、预防和减少计价纠纷条款、加强监督检查的条款。

（九）建设工程监理

中国建设工程监管配套措施长期处于不完善状态。20世纪90年代曾多次出现建筑因质量问题坍塌事故。为完善质量安全制度建设，国家吸取西方成熟经验，引入监理制度。1998年《中华人民共和国建筑法》（以下简称《建筑法》）正式施行，对建设工程质量有明确的要求，并推行质量体系认证制度。2000年《建设工程质量管理条例》（国务院令第279号）开始施行，在监理的方面对建筑质量的责任和义务有详细规定。

2000年，建设部颁布《建设工程监理规范》（GBS50319－2000，以下简称《规范》）作为行业管理规范。该《规范》包括总则、术语、项目监理机构及其设施、监理规划及监理实施细则、施工阶段的监理工作、施工合同管理的其他工作、施工阶段监理数据的管理、设备采购监理与设备监造共计八个部分，另附有施工阶段监理工作的基本表式。

2001年《建设工程监理范围和规模标准规定》（建设部令第86号）发布，规定国家重点建设工程；大中型公用事业工程；成片开发建设的住宅小区工程；利用外国政府或者国际组织贷款、援助资金的工程以及国家规定的其他工程必须实行监理。2002年，建设部颁布了《房屋建设工程施工旁站监理管理办法（试行）》（建市〔2002〕189号），该规定性文件要求在工程施工阶段的监理工作中实行旁站监理，并明确了旁站监理的工作程序、内容及旁站监理人员的职责。

2006年建设部发布《注册监理工程师管理规定》（建设部令第147号），规定监理工程师实行注册执业管理制度。2007年建设部《工程监理企业资质管理规定》（建设部令第158号）实施，列明工程监理企业资质分为综合资质、专业资质和事务所资质，不同资质类别存在不同的级次，规定了其资质准入标准和业务范围，提供准入机制。

（十）视频监控

工程建设中不可避免地带来许多问题。施工扬尘、渣土运输造成污染等一系列不文明施工行为造成较大的负面影响。基于计算机网络、具有视频图像采集、远程传输、终端监控和录像等功能的视频监控系统成为建设工程文明施工管理的重要技术措施和手段。

随着新技术的发展与应用，20世纪开始出现建设工程视频监控。各地按照地方实际推广视频监控，如2006年天津市出台《建设工程施工现场远程视频监控管理信息系统实施办法》（建质安〔2006〕820号），全面推行施工现场远程视频监控系统，实现安全文明施工的动态监管；2009年，东莞就对该市所有在建工地运用视频监控系统实施视频实时检查，对建设工程质量安全管理起到了较好的作用。结合各地经验，2013年，经住房城乡建设部批准正式实施的《建筑工程施工现场视频监控技术规范》（JGJ/T292－2012）对技术参数订立了具体要求。

（十一）现状测绘（综合管线图）、房产、宗地图测绘

新中国成立以来很长一段时间内，测绘工作一直处于无法可依的状态。直至1993年《中华人民共和国测绘法》（以下简称《测绘法》）开始实施，测绘工作才步入了法制轨道。2002年8月29日，第九届全国人大常委会第二十九次会通过了《中华人民共和国测绘法（修订）》。此后，

相关配套法规体系逐步趋于完善。①

在机构转制的背景下，不少测绘院发展为“非政非企”，计划与市场并存的混合体。为改善这一局面，1995 年国家测绘局出台《测绘市场管理暂行办法》，开放市场，并确立测绘项目的从业资格制度。与之配套，2003 年国家行业标准《城市地下管线探测技术规程》（CJJ61－2003）颁布，为地下管线图的测量、编绘规定提供技术标准参考。

2004 年，国家测绘局颁布的《测绘资质管理规定》和《测绘资质分级标准》（以下简称《规定》及《标准》），正式确立测绘行业的资质管理体制。2009 年，国家测绘局对 2004 年的颁布《规定》和《标准》进行修订，规定从事测绘业务的单位应当取得《测绘资质管理证书》，列明了甲、乙、丙、丁四级资质标准，由各级测绘机关负责审批，由此测绘行业的发展步入更加规范化的阶段。

（十二）工程检测

工程质量检测是对建筑材料出具科学、准确的检测数据和结果，为建设工程质量判定提供依据。因此，检测工作质量的好坏是确保建设工程质量的前提。20 世纪 90 年代，中国开始全面进入社会主义市场经济之后，工程建设管理机制并没有市场化，过大的市场行为自由度与法制建设的严重滞后，导致腐败现象滋生蔓延，屡禁不止。1998 年，《中华人民共和国建筑法》（以下简称《建筑法》）正式施行，对建设工程质量有明确的要求，从事建筑活动的单位推行质量体系认证制度。

为了配合《建筑法》的实施，2000 年《建设工程质量管理条例》（国务院令第 279 号）开始施行，从勘察设计、施工、监理的方面对建筑质量的责任和义务有详细规定。质量检测监控行业的发展上，检测中介机构最早发展的是上海。2002 年 4 月，上海正式成立了建设工程检测行业协会，标志着中国建设工程质量检测行业开始正式启动市场化进程。

在事业单位体制改革深入开展的大环境下，2005 年建设部实施《建

① 余建斌：《〈中华人民共和国测绘法〉实施十五年掠影》，2007 年 12 月 6 日，人民网（http：//scitech. people. com. cn/GB/6618863. html）。

设工程质量检测管理办法》（建设部第 141 号令）。很多地方以前隶属于建设行政主管部门的实验室逐渐转制成为具有独立法人性质的检测机构，同时民营性质的中介检测机构也陆续成立加入检测市场的竞争中，工程质量检测市场由以前行政事业部门直接参与逐渐转变为由建设行政主管部门监管下的检测市场化运作模式，工程检测的市场化发展进入新阶段。

（十三）雷电灾害风险评估

随着电子设备的广泛应用，引发雷击灾害事故风险相应提高、造成的潜在损失更为巨大，在此背景下国家对雷电灾害防御工作重视力度加大，气象立法工作进程加速。

2000 年《中华人民共和国气象法》颁布实施，要求制定气象灾害防御方案，避免或者减轻气象灾害，另外规定“各级气象主管机构应当加强对雷电灾害防御工作的组织管理，并会同有关部门指导对可能遭受雷击的建筑物、构筑物和其他设施安装的雷电灾害防护装置的检测工作”。

雷电灾害风险评估的引入最早始于 2000 年，中国气象局发布的《气象信息系统雷击电磁脉冲防护规范》（QX3 – 2000），其中提出了雷电灾害风险评估方法。这个标准的雷电灾害风险评估方法相对比较简单，评估结构清晰，比较有针对性和实用性。2004 年起实施的《建筑物电子信息系统防雷技术规范》（GB50343 – 2004），按建筑物电子信息系统所处环境进行雷电灾害风险评估，确定雷电防护等级。

随着技术规则的建立和逐步完善，雷电灾害风险评估业务实践在国内快速发展。广东、上海、江西、福建、浙江、四川等地的业务实践相对较多。但在中国现行法律规范中（包括地方性法规、政府规章、部门规章），确立了雷电灾害风险评估制度的还不多。

2005 年开始实施的《防雷减灾管理办法》（中国气象局 8 号令）规定了雷电灾害风险评估制度，第二十七条规定了“各级气象主管机构应当组织对本行政区域内的大型建设工程、重点工程、爆炸危险环境等建设项目进行雷电灾害风险评估，以确保公共安全”。2013 年 6 月，中国气象局发布《防雷减灾管理办法（修订）》（中国气象局令第 24 号），依旧规定要进行雷电灾害风险评估，并将“人员密集场所”加入须进行评估的场所。修订版第二十七条规定，“大型建设工程、重点工程、爆炸和火灾危险环境、人员密集场所等项目应当进行雷电灾害风险评估，以确保公共安全。各级地方气象主管机构按照有关规定组织进行本行政区域内的雷电灾害风险评估工作。”

2015 年 4 月国务院下发规范清理行政中介服务的通知后，同年 5 月，中国气象局办公室发布《关于取消第一批行政审批中介服务事项的通知》（气办发〔2015〕22 号），取消“雷电灾害风险评估”，不再作为行政审批中介服务事项。

（十四）防雷装置检测报告编制

中国气象系统经历了由军队系统管理向政府系统管理转移的过程。中央军委气象局成立于 1949 年，1994 年改为国务院直属事业单位中国气象局，负责全国气象工作的组织管理。伴随中国法制化建设进程，雷电灾害防御也逐渐步入法制化管理。1999 年颁布的《中华人民共和国气象法》第三十一条规定：“各级气象主管机构应当加强对雷电灾害防御工作的组织管理，并会同有关部门指导对可能遭受雷击的建筑物、构筑物和其他设施安装的雷电灾害防护装置的检测工作。”2007 年实施的《气象行政许可实施办法》（中国气象局第 15 号令）、2010 年实施的《气象灾害防御条例》（国务院令第 570 号）规定气象行政许可项目由省、自治区、直辖市气象主管机构实施。

2000 年颁布的《防雷减灾管理办法》（中国气象局令第 3 号）确立了防雷装置检测单位的资质管理制度。第二十条规定：“省、自治区、直辖市气象主管机构应当会同有关部门组织对本行政区域内从事防雷装置检测的单位进行资质认证。”2004 年《国务院对确需保留的行政审批项目设定行政许可的决定》（国务院令第 412 号）将“防雷装置检测”列为需要保留的行政许可事项。这意味着“防雷装置检测报告”正式被确定为行政审批中介事项。

（十五）水土保持方案编制

1957 年，国务院决定成立水土保持委员会。同年，发布了《中华人民共和国水土保持暂行纲要》。1980 年，水利部在山西吉县召开 13 省（区）水土保持小流域治理座谈会，在会上拟定颁发了《水土保持小流域治理办法（草案）》，第一次明确了中国现阶段小流域的概念。从此，全国水土保持工作进入了以小流域为单元综合治理的新阶段。[1]

1991 年《中华人民共和国水土保持法》（以下简称《水土保持法》）颁布，首次对水土保持方案的编制做出相关法律规定，要求在山区、丘陵区、风沙区修建铁路、公路、水工程，开办矿山企业、电力企业和其他大中型工业企业，在建设项目环境影响报告书中，必须有水行政主管部门同意的水土保持方案。同时，小流域综合治理进入治理与开发一体化，在小流域内发展产业化、商品化经济即小流域经济的新阶段，将小流域治理开发推向市场。《水土保持法》的颁布和实施，是中国水土保持事业的一个重大转折点。自 1991 年以来，中国先后颁布实施了《水土保持法》《水土保持法实施条例》《开发建设项目水土保持方案管理办法》等法律法规，1993 年国务院《关于加强水土保持工作的通知》（国发〔1993〕5 号）中明确指出："水土保持是山区发展的生命线，是国土整治、江河治理的根本，是国民经济和社会发展的基础，是我们必须长期坚持的一项基本国策"。

1994 年《开发建设项目水土保持方案管理办法》（水保〔1994〕513 号）第三条规定："水行政主管部门负责审查建设项目的水土保持方案。建设项目环境影响报告书中的水土保持方案必须先经水行政主管部门审查同意。"

1995 年《开发建设项目水土保持方案编报审批管理规定》（水利部令第 5 号，以下简称《管理规定》）正式实施，确定了水土保持方案编制单位的资质管理体制。《管理规定》规定，"水土保持方案的编报工作由生产建设单位负责。具体编制水土保持方案的单位，必须持有水行政主管部门颁发的《编制水土保持方案资格证书》，编制水土保持方案资格证书管理办法由国务院水行政主管部门另行制定"。

2010 年修订的《水土保持法》增加了对了要求编制水土保持方案的范围，"在山区、丘陵区、风沙区以及水土保持规划确定的容易发生水土流失的其他区域开办可能造成水土流失的生产建设项目，生产建设单位应当编制水土保持方案，报县级以上人民政府水行政主管部门审批，并

---

① 杨光、丁国栋、屈志强：《中国水土保持发展综述》，《北京林业大学学报》（社会科学版）2006 年第 S1 期。

按照经批准的水土保持方案，采取水土流失预防和治理措施。没有能力编制水土保持方案的，应当委托具备相应技术条件的机构编制”。

（十六）水土保持监测报告编制

中国水土保持监测始于20世纪30年代，在福建长汀、重庆北碚、甘肃天水及陕西长安等地建立了水土保持试验站，开展了水土流失定位观测。[①] 新中国成立后，水利部先后三次组织了全国土壤侵蚀调查，为水土流失动态监测预报奠定了基础。1991年《中华人民共和国水土保持法》（以下简称《水土保持法》）的颁布，标志着中国水土保持监测工作进入了新的发展阶段，初步建成了水利部水土保持监测中心以及分布于各地的检测站（场）。1993年，国务院《水土保持法实施条例》（国务院令第120号）是第一次对水土保持监测报告做出较为具体的规定。其中明确规定“有水土流失防治任务的企业事业单位，应当定期向县级以上地方人民政府水行政主管部门通报本单位水土流失防治工作的情况”。

2000年，水利部发布了《水土保持生态环境监测网络管理办法》（水利部令第12号）明确规定“水利部水土保持生态环境监测中心对全国水土保持生态环境监测工作实施具体管理。负责拟定监测技术规范、标准，组织对全国性、重点区域、重大开发建设项目的水土保持监测，负责进行质量和技术认证，承担对申报水土保持生态环境监测资质单位的考核、验证工作。”“下级监测机构向上级监测机构报告本年度监测数据及其整编成果。开发建设项目的监测数据和成果，向当地水土保持生态环境监测机构报告。”以北京市为例，北京市建设了水土保持监测中心站、区县水土保持监测站和监测点三级机构构成的水土保持监测网络。区县监测机构及时向市水土保持工作总站报告常规监测站点的监测数据和整编结果。监测市场依然由政府及相关的事业单位占主导地位，市场化企业参与度低。

2010年修订的《水土保持法》规定：“对可能造成严重水土流失的大中型生产建设项目，生产建设单位应当自行或者委托具备水土保持监测资质的机构，对生产建设活动造成的水土流失进行监测，并将监测情况定期上报当地水行政主管部门。”

---

① 水利部：《全国水土保持监测纲要（2006—2015）》（水保〔2006〕86号）。

水土保持监测单位的资质管理起步较晚。2011 年《生产建设项目水土保持监测资质管理办法》（水利部令第 45 号）规定，“生产建设项目水土保持监测资质……分为甲级、乙级两个等级。取得甲级资质的单位，可以承担由各级人民政府水行政主管部门审批水土保持方案的生产建设项目的水土保持监测工作；取得乙级资质的单位，可以承担由县级以上地方人民政府水行政主管部门审批水土保持方案的生产建设项目的水土保持监测工作。”

（十七）水土保持设施竣工验收技术报告编制

中国的水土保持设施竣工验收制度始于 1991 年颁布的《中华人民共和国水土保持法》（以下简称《水土保持法》），当中的“三同时”制度第一次明确要求水土保持设施纳入竣工验收范围。“三同时”制度指“建设项目中的水土保持设施，必须与主体工程同时设计、同时施工、同时投产使用；建设工程竣工验收时，应当同时验收水土保持设施，并有水行政主管部门参加”。2002 年发布的《开发建设项目水土保持设施验收管理办法》（水利部令第 16 号）规定在开发建设项目竣工验收阶段，建设单位应当会同水土保持方案编制单位编制水土保持方案实施工作总结报告和水土保持设施竣工验收技术报告。

2003 年，为加强和规范水土保持工程的建设管理、监测和验收，提高行业管理水平，水利部发布实施《水土保持监测资格证书管理暂行办法》（水保〔2003〕202 号），规定水土保持监测资格证书分为甲、乙两个等级，对申请条件和资格有明确的要求，为市场参与提供准入门槛。

2010 年新修订的《水土保持法》对“三同时”制度有所发展，列明“依法应当编制水土保持方案的生产建设项目中的水土保持设施，应当与主体工程同时设计、同时施工、同时投产使用；生产建设项目竣工验收，应当验收水土保持设施；水土保持设施未经验收或者验收不合格的，生产建设项目不得投产使用”。

第四节　21 世纪（2000 年至今）

（一）职业病危害预评价

中国的职业病防治历程可追溯到 20 世纪 50 年代城市建立卫生防疫

站系统的建立阶段，当时不仅经常性卫生监督开展了起来，而且预防性卫生监督也随着建厂的选址问题而逐渐被重视了起来。新中国成立初期制定的《十二年科学远景规划》中就有一项专门研究劳动卫生与职业病防治，这对推动中国劳动卫生与职业病防治工作的加速发展起到一定作用。

改革开放以来，随着经济不断发展，有些地方疏忽了社会与经济的协调发展，在招商引资时，为吸引投资不惜降低门槛，导致职业病防治疏于监管，项目的卫生审查力度强度不足，出现“先上车，后买票”的现象。因此引入职业病危害预评价机制有迫切的需要。

直到2002年《中华人民共和国职业病防治法》（以下简称《职业病防治法》）正式实施，中国的职业病防治纳入了法制化的轨道，职业病危害预评价机开始正式开始实施。《职业病防治法》第十五条规定“新建、扩建、改建建设项目和技术改造、技术引进项目（以下统称“建设项目”）可能产生职业病危害的，建设单位在可行性论证阶段应当向卫生行政部门提交职业病危害预评价报告”。同年实施的《建设项目职业病危害分类管理办法》（卫生部第22号令）明确了建设项目职业病危害预评价的负责机构、评价报告的内容及操作程序。

2012年《职业病防治法》修订，“职业病危害预评价”服务的审批部门由政府卫生主管部门调整为安全生产监督管理部门。建设单位在项目论证阶段，依旧需要委托行政审批中介进行职业病危害预评价。第十七条规定，“新建、扩建、改建建设项目和技术改造、技术引进项目……可能产生职业病危害的，建设单位在可行性论证阶段应当向安全生产监督管理部门提交职业病危害预评价报告”。

2012年发布的《建设项目职业卫生“三同时”监督管理暂行办法》（国家安全监管总局令第51号）规定了预评价报告的内容；不同项目按危害分为一般、较重、严重三级，并依照不同级别进行备案或审核验收工作。同年出台的《职业卫生技术服务机构监督管理暂行办法》（国家安全监管总局令第51号）确立了职业卫生技术资质管理体制，机构经资质审批取得《职业卫生技术服务机构资质证书》后方可提供资质范围内的评价服务。2013年，国家安全生产监督管理总局发布《建设项目职业病危害预评价导则》，详细规定了职业病危害预评价的依据、范围、方法以及评价程序和内容。2015 年改革前，地方大部分机构为政府卫生主管部门下属事业单位。

2015 年 10 月，《国务院关于第一批清理规范 89 项国务院部门行政审批中介服务事项的决定》（国发〔2015〕58 号）对“建设项目（煤矿）职业病防护设施设计专篇编制”“建设项目（除煤矿外）职业病防护设施设计专篇编制”两项行政审批中介服务做出新的规定，要求“申请人可按要求自行编制职业病防护设施设计专篇，也可委托有关机构编制，审批部门不得以任何形式要求申请人必须委托特定中介机构提供服务；保留审批部门现有的职业病防护设施设计专篇技术评估、评审”。

2016 年 7 月，全国人大常委会通过《职业病防治法》（修正版）。修正后的《职业病防治法》虽然仍然要求建设单位提供在项目可行性论证阶段提供职业病危害预评价，但不再要求建设单位委托行政审批中介提供服务。第十七条规定：“新建、扩建、改建建设项目和技术改造、技术引进项目（以下统称建设项目）可能产生职业病危害的，建设单位在可行性论证阶段应当进行职业病危害预评价。”

（二）职业病防护设施设计

2002 年《职业病防治法》颁布实施，提出了“预防为主，防治结合”的工作方针，指导职业病防治工作。随着国家和社会对职业病防治的重视程度不断提高，对职业病防护设施的生产、设计要求亦有所提升，2012 年《职业病防治法》通过修订，明确“职业病危害严重的建设项目的防护设施设计，应当经安全生产监督管理部门审查，符合国家职业卫生标准和卫生要求的，方可施工”的规定。同年，《建设项目职业卫生“三同时”监督管理暂行办法》（国家安全生产监督管理总局令第 51 号）颁布，建设项目职业病防护设施必须与主体工程同时设计、同时施工、同时投入生产和使用；对于危害严重的建设项目防护措施设计需要进行报批审查及竣工验收；使得建设项目过程中职业病防治措施与主体工程及生产安全三者形成有机联动，避免出现偏轻偏重。

2013 年，国家安全生产监督管理总局发布《建设项目职业病防护设施设计专篇编制导则》（AQT4233—2013），对可能产生职业病危害的建设项目，在初步设计（含基础设计）阶段，建设单位委托有资质的设计单位对该建设项目职业病防护设施设计专篇的编制。另外，针对建设项目存在的职业病危害因素的种类和危害程度，提出职业病防护设施的设计方案与具体技术参数，为建设单位落实职业病防护措施提供依据。

（三）职业病危害控制效果评价

2002年，《职业病防治法》颁布，职业病危害因素控制效果评价制度开始实施。《职业病防治法》第十六条规定："建设项目在竣工验收前，建设单位应当进行职业病危害控制效果评价。"评价单位需要按规定取得资质认证。同年，卫生部发布《建设项目职业病危害评价规范》（卫法监发〔2002〕63号），为职业病危害控制效果评价制度统一的依据、范围及国家标准。

2006年，卫生部制定《建设项目职业病危害分类管理办法》（卫生部令第49号），规定职业病危害控制效果评价需由具备资质的机构进行，并对评价的流程与内容有具体指引。2007年卫生部发布的《建设项目职业病危害控制效果评价技术导则》（GBZ/T197－2007）提供了详尽具体的技术参考依据。2012年，国家安全生产监督管理总局发布的《职业卫生技术服务机构监督管理暂行办法》（总局令第50号）制定了甲、乙、丙三级等级的资质认可和技术服务范围，呈现依靠中小企业，向基层倾斜的趋势，同时从以前的省部两级管理体制细分至省、部、市形式的三级规模，与此前相比准入门槛有所提高，相关条件亦更为具体细致。

2013年，国家安全生产监督管理总局颁布《建设项目职业病危害控制效果评价导则》，对评价依据、评价范围、评价方法、评价程序与内容等相关项目提供行业标准，做出了指导性的实施方法。

（四）防雷装置设计与施工

20世纪80年代以前，中国不存在建筑物防雷设计规范，设计人员通常凭借自己的认识和经验设计防雷设施。1984年实施的《建筑物防雷设计规范》（GBJ57－83）是中国第一部建筑物防雷设计规范。1994年颁布施行的《建筑物防雷设计规范》（GB50057－94），在吸收了外国的先进经验并结合中国的设计实践的基础上增加了相应条款。

2000年，《中华人民共和国气象法》正式实施，作为防雷减灾的主体法明确了防雷工作由各级气象主管机关作为归口主管部门，同时规定其防雷装置的检测和安装工作。同年出台的《防雷减灾管理办法》（中国气象局令第8号，以下简称《管理办法》）确立了防雷装置设计与施工的资质管理体制。《管理办法》规定“对从事防雷装置检测、防雷工程专业设计或者施工的单位实行资质管理制度。对从事防雷活动的专业技术人员实行资格管理制度。”“省、自治区、直辖市气象主管机构应当会同有关部门组织对本行政区域内从事防雷装置检测的单位进行资质认证”。2001年，中国气象局发布的《关于进一步加强防雷减灾工作意见》（中气法发〔2001〕20号）要求进一步开放市场，要求各级气象主管机构加强防雷减灾管理机构和从事防雷技术服务的防雷中心建设。气象部门从事防雷工程设计、施工的也要成立防雷公司，按照市场机制运作。

（五）防雷装置设计技术评价报告编制

20世纪80年代，气象部门率先开展防雷检测技术服务，纳入气象有偿服务范畴。防雷装置设计技术评价工作一直由地方气象主管部门负责。为了提高管理效能，避免各地标准差异过大，1994年国家颁布了《建筑物防雷设计规范》（GB50057－94），成为该领域强制性标准。

随着“十一五”规划的铺开，在提升自然灾害应对能力，建立健全自然灾害预防抗御机制的大环境下，《气象灾害防御条例》（国务院令第570号）于2010年正式施行，规定专门从事雷电防护装置设计、施工、检测的单位应当具备认可的资质证书，要求“新建、改建、扩建建（构）筑物设计文件进行审查，应当就雷电防护装置的设计征求气象主管机构的意见；对新建、改建、扩建建（构）筑物进行竣工验收，应当同时验收雷电防护装置并有气象主管机构参加”。

2011年，中国气象局颁布《防雷装置设计审核和竣工验收规定》（中国气象局第21号令），规定建设工程防雷装置初步设计须经当地气象主管机构认可的防雷专业技术机构出具防雷装置设计技术评价报告。“防雷装置未经过初步设计的，应当提交总规划平面图；经过初步设计的，应当提交《防雷装置初步设计核准意见书》。”

（六）节能评估文件编制

进入21世纪，节能减排和可持续发展成为改革的重点工作之一。2002年，《中华人民共和国清洁生产促进法》颁布，当中规定“建筑工程应当采用节能、节水等有利于环境与资源保护的建筑设计方案、建筑和装修材料、建筑构配件及设备”。2005 年，国家全面推进节能减排工作，致力于建设资源节约型、环境友好型社会、推进经济结构调整，转变增长方式。同年，《公共建筑节能设计标准》（GB50189－2005）发布实施，为节能评估文件的编写提供参考依据和设计标准。

随着“十一五”节能减排工作的铺开，2008 年《中华人民共和国节约能源法》正式施行，确定国家实行固定资产投资项目节能评估和审查制度。除国家发布的法律、法规、政策外，各地方政府也制定了一系列与节能评估相关的法规、规划等。为加强对节能评估的监管，2010 年，国家发展和改革委员会出台《固定资产投资项目节能评估和审查暂行办法》（发改令第 6 号），对固定资产投资项目节能评估按照项目建成投产后年能源消费量实行分类管理，并明确评估机构的资质条件，设置具体行业准入门槛。

（七）专家评审

21 世纪以来，国家对建设工程安全生产监督管理的重视程度日益提升，加之行政体制改革的持续推进，以及行政审批制度改革的全面启动，建设工程领域开始引入专家评审制度。比如，2002 年，建设部发布《超限高层建筑工程抗震设防管理规定》（建设部令第 111 号），规定超高层建筑抗震专项审查应组织专家评审。2003 年，国务院发布《建设工程安全生产管理条例》（国务院令第 393 号）要求有关工程及危险性较大的工程的施工方案应组织专家评审。2005 年，水利部发布《关于规范水土保持方案技术评审工作的意见》（办水保〔2005〕121 号），要求水土保持方案应组织专家评审。

专家评审制度指具有专业技术知识的专家，项目所在地政府、业界，以及其他利益相关方共同参与的评审机制。在制度设计上，专家评审制度旨在增强行政主管部门的技术审查力量，同时增进评审过程的公开性与评审意见的多元性。专家评审制度的评审对象主要为建设项目审批过程中建设方提供的报告、技术、设计和施工方案等。与其他行政审批中介服务相比，专家评审存在于多个领域，但由于专家评审存在与行政主管部门与建设方之间，为行政主管部门行使审批权提供技术审查意见，且属于有偿服务，因此也将之列为行政审批中介服务。

在设立依据上，针对不同审批事项的专家评审的设立依据不同，具体包括：行政法规、部门规章、地方行政主管部门管理意见等。设立依据为行政法规、部门规章的专家评审事项，在各省及以下普遍存在，管理方式相对一致；依据地方管理办法设立的专家评审，各地方在管理方式差异较大。

第二章

建设工程领域行政审批中介服务及机构概况

第一节 建设工程领域行政审批中介服务事项

建设工程的行政审批流程可以分为项目立项、项目报建、项目施工、竣工验收四个阶段。建设工程领域各项行政审批中介服务分布在建设工程的不同阶段。由于各地推进改革的进度不同，有的地方在深化行政审批制度改革的过程中，优化审批流程，部分调整了行政审批中介服务环节。对于建设工程的一般流程，行政审批中介服务的发生环节大体一致。如表2—1所示，大部分行政审批中介服务发生在项目报建阶段，印证了政府传统上重视审批，“以审代管”的思路。施工阶段发生的行政审批中介服务主要为各类工程施工以及监管施工过程的监理。验收阶段主要为各项竣工验收、特种设备检测、档案资料整理。

表2—1　　建设工程不同阶段的主要行政审批中介服务

建设工程不同阶段的主要行政审批中介服务		
工程阶段	序号	服务事项
项目报建	1	人防工程施工图审图
	2	建设工程施工图审图
	3	雷电灾害风险评估
	4	职业病防护设施设计
	5	水土保持监测报告编制
	6	水土保持方案编制

续表

建设工程不同阶段的主要行政审批中介服务		
工程阶段	序号	服务事项
项目报建	7	职业病危害预评价
	8	职业病危害控制效果评价
	9	地质灾害治理工程勘察
	10	地质灾害治理工程设计
	11	环评文件编制
	12	人防工程设计
	13	地质灾害评估
	14	工程造价咨询
	15	现状测绘（综合管线图）、房产、宗地图测绘
	16	节能评估文件编制
	17	规划设计
	18	防雷装置设计
	19	防雷装置设计技术评价报告编制
	20	建设工程勘察、设计
	21	视频监控
	22	专家评审
	23	招标代理
	24	除四害
	25	工程检测（多环节发生）
	26	人防工程施工
	27	建设工程施工
项目施工	28	地质灾害治理工程监理
	29	地质灾害治理施工
	30	防雷装置施工
	31	建设工程监理
	32	特种设备检测
竣工验收	33	环保验收报告编制
	34	水土保持设施竣工验收技术报告编制
	35	防雷装置检测报告编制
	36	档案资料整理

资料来源：笔者自制。

第二节　建设工程领域行政审批中介服务事项职能分类

按职能分类，建设工程领域政审批中介服务可分为四大类：（一）审查类，（二）技术服务类，（三）仪器检测类，（四）其他。

表2—2　　　　建设工程领域行政审批中介服务

建设工程领域行政审批中介服务	
序号	中介服务内容
一、审查类中介服务	
1	人防工程施工图审图
2	建设工程施工图审图
二、技术服务类中介服务	
3	雷电灾害风险评估
4	职业病防护设施设计
5	水土保持监测报告
6	水土保持设施竣工验收技术报告
7	水土保持方案编制
8	职业病危害预评价
9	职业病危害控制效果评价
10	地质灾害治理工程勘察
11	地质灾害治理工程设计
12	环保验收报告
13	环评文件编制
14	防雷设施检测
15	人防工程设计
16	地质灾害评估
17	工程造价咨询
18	现状测绘（综合管线图）、房产、宗地图测绘

续表

建设工程领域行政审批中介服务	
序号	中介服务内容
19	节能评估文件编制
20	规划设计
21	防雷装置设计
22	防雷装置设计技术评价报告编制
23	建设工程勘察、设计
三、仪器检测类中介服务	
24	特种设备检测
25	工程检测
四、其他	
26	人防工程施工
27	视频监控
28	地质灾害治理工程监理
29	地质灾害治理施工
30	建设工程监理
31	建设工程施工
32	防雷设施施工
33	招标代理
34	除四害
35	档案资料整理
36	专家评审

资料来源：笔者自制。

一　审查类行政审批中介服务

审查类行政审批中介代替政府行使行政审批职能，主要对各类施工图进行审查。如表2—3所示，审查类行政审批中介服务主要包括建设工程施工图审查、人防工程施工图审查。

表 2—3　　建设工程领域行政审批中介服务·审查类

（一）审查类行政审批中介服务

序号	服务事项
1	建设工程施工图审图
2	人防工程施工图审图

资料来源：笔者自制。

二　技术服务类行政审批中介

该类中介服务是依靠资质人士的技术知识和专业判断提供的智力服务，主要服务形式为各种评估、监测、咨询、验收报告，设计、勘察方案等。该类服务以及从事该类服务的行政审批中介机构数量较多，涉及21项行政审批中介服务事项。技术服务类行政审批中介服务又可细分为三类：

（1）辅助审查类。辅助审查类技术服务主要指资质单位依靠专业判断，对建设项目的潜在风险、危害性进行评估，旨在为政府部门的行政审批提供专业意见。该类行政审批中介服务具体包括：雷电灾害风险评估、职业病危害控制效果评价、职业病危害预评价、地质灾害治理工程勘察，以及地质灾害评估等。

（2）协助监管类。此类服务指行政审批中介机构在施工过程、竣工验收环节，以及建筑投入使用后的监察、检测及日常维护，旨在协助政府进行过程及动态监管。该类服务的主要形式为各类检测、验收报告，具体服务事项包括水土保持监测报告、水土保持设施竣工验收技术报告、水土保持方案编制、环保验收报告编制、环评文件编制、防雷设施检测、节能评估文件编制等。

（3）一般服务类。此类服务指行政审批中介为发展商提供的一般性商业服务，包括信息咨询，以及各种方案设计。该类行政审批中介服务具体包括：职业病危害防护设施设计、地质灾害治理工程设计、人防工程设计、工程造价咨询、现状测绘（综合管线图）、房产、宗地图测绘、规划设计、防雷设施设计，以及建设工程勘察设计等。

表 2—4　　建设工程领域行政审批中介服务·技术服务类

（二）技术服务类行政审批中介服务		
序号	服务事项	细类
1	雷电灾害风险评估	辅助审查类
2	职业病危害控制效果评价	
3	职业病危害预评价	
4	地质灾害治理工程勘察	
5	地质灾害评估	
6	水土保持监测报告	协助监管类
7	水土保持设施竣工验收技术报告	
8	水土保持方案编制	
9	环保验收报告编制	
10	环评文件编制	
11	防雷装置检测	
12	节能评估报告编制	
13	防雷装置设计技术评价报告编制	
14	职业病防护设施设计	一般服务类
15	地质灾害治理工程设计	
16	人防工程设计	
17	工程造价咨询	
18	现状测绘（综合管线图）、房产、宗地图测绘	
19	规划设计	
20	防雷设施设计	
21	建设工程勘察、设计	

资料来源：笔者自制。

三　仪器检测类行政审批中介服务

此类服务相对更多依赖仪器进行检测，并有清晰的量化标准作为出具检测报告的依据。如表 2—5 所示，此类服务事项较少，主要包括特种设备检测、工程检测。

表 2—5　　建设工程领域行政审批中介服务·仪器检测类

（三）仪器检测类行政审批中介服务	
序号	服务事项
1	特种设备检测
2	工程检测

资料来源：笔者自制。

四　其他类行政审批中介服务

此类服务主要指非技术类、过程及流程审查、监管、施工。如图 2—6 所示，该类服务事项具体包括：人防工程施工、视频监控、地质灾害工程监理、地质灾害治理施工、建设工程监理、建设工程施工、防雷设施施工、招标代理、除四害、档案资料整理，以及专家评审等。

表 2—6　　建设工程领域行政审批中介服务·其他

（四）其他	
序号	服务事项
1	人防工程施工
2	视频监控
3	地质灾害治理工程监理
4	地质灾害治理施工
5	建设工程监理
6	建设工程施工
7	防雷设施施工
8	招标代理
9	除四害
10	档案资料整理
11	专家评审

资料来源：笔者自制。

第三节　建设工程领域行政审批中介机构性质及职能

按照行政审批中介机构性质、与政府关系远近分类，如图2—1所示，建设工程领域行政审批中介机构可以分为：事业单位、转制的民办非企业、性质模糊的转制单位、转制企业以及企业，其中事业单位与政府关系最为紧密，企业最远。转制的民办非企业、性质模糊的转制单位，以及转制企业，由原政府公职人员负责，或由国有企业转变而来，与政府存在亲缘关系。企业指与政府职能部门不存在亲缘关系、自主注册的市场主体。相对其他几类行政审批中介，企业类行政审批中介与政府关系最远。

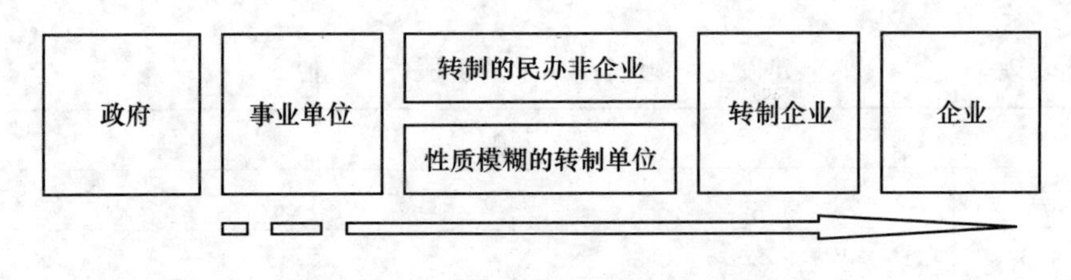

图2—1　各类行政审批中介与政府远近关系

一　事业单位

事业单位指国家为了社会公益目的，由国家机关举办或者其他组织利用国有资产举办的，从事教育、科技、文化、卫生等活动的社会服务组织。[①] 根据此定义，事业单位的本质特点是由国家机关或者其他组织“利用国有资产”举办，因此，其人事、财政由行政主管行政部门管理。如表2—7所示，建设工程领域6项行政审批中介服务由事业单位承担。这6项服务分别为：防雷装置检测报告、防雷设施施工图审查、职业病危害预评价、职业病危害因素控制效果评价、特种设备检测、雷电灾害风险评估。

① 中华人民共和国国务院：《事业单位登记管理暂行条例》2004年6月27日。

表 2—7　　　　建设工程领域事业单位行政审批中介

事业单位行政审批中介			
序号	服务事项	各地常见中介名称	可能性前身①
1	防雷装置检测报告编制	各地防雷中心、防雷检测所	政府气象主管部门内设部门
2	雷电灾害风险评估		
3	防雷装置设计技术评价报告编制		
4	职业病危害预评价	疾病预防控制中心、职业病防治院（所）	政府卫生主管部门内设部门
5	职业病危害控制效果评价		
6	特种设备检测	特种设备检测研究院	事业单位

资料来源：笔者自制。

事业单位带有半政府色彩，其职能既包括通常由政府承担的职能，如行政审批、监督管理等，也包括本该由行业协会承担的职能，如行业培训、考核、资质人员管理等。部分事业单位还须完成行政主管部门下达的任务。由事业单位承担行政审批中介服务的纵向职能系统主要为气象、卫生以及质量检验检测。

（一）气象主管部门下属事业单位

2015 年改革前，防雷设计检测报告编制、雷电灾害风险评估两项行政审批中介服务由各地气象部门的防雷检测所提供。多年来，各级气象主管部门没有开放防雷检测有关行政审批中介市场，相关中介服务由各级气象部门主管的事业单位提供。

机构性质上，各地防雷检测所基本为各级气象主管部门的下属事业单位。国家气象主管部门是中国气象局，中国气象局是国务院直属事业单位。随着国家气象管理进入法制化进程，2000 年实施的《中华人民共和国气象法》规定各级气象主管部门会同有关部门组织实施对雷电灾害防护装控制检测。

职能上，防雷设施检测所集合了图纸审核、工程检测、调查、资料收集、科研、行业技术指导、行业培训、专业人员管理、执行上级政府工作等综合职能。根据地方调研，这些职能具体包括：（1）依据有关防

① 此处的“可能性前身”指地方有可能存在的情况，并非所有地区属于此种情况。

雷规范对全区防雷设施进行设计施工图纸审核、防雷设施工程检测验收和定期检测。(2) 负责调查全区雷电灾害情况，收集整理雷害资料存档和雷电灾害的鉴定。(3) 开展防雷设施检测质量、防雷技术等有关方面的科研工作。(4) 指导全区防雷业务技术工作，协助解决技术难题，培训技术人员和管理人员。(5) 执行上级气象局、省防雷中心交办的防雷设施检测监督管理工作。(6) 执行本级政府交办的防雷设施检测工作。

财政收入上，由于全国气象部门实行“气象部门与地方人民政府双重领导、以气象部门为主的领导管理体制，采取国家、省、地、县四级管理”。[①] 根据地方调研，地方防雷检测所在资金来源包括：中央公共预算拨款收入、本级主管部门拨款、经营性收费。其中经营性收费主要为防雷方面的检测、监测、评价等。通常情况下，经营性收费为各地防雷检测所的主要收入来源。

2015 年 5 月，中国气象局办公室发布《关于取消第一批行政审批中介服务事项的通知》(气办发〔2015〕22 号)，决定取消“雷电灾害风险评估”“防雷产品测试”“新建、扩建、改建建筑工程与气象探测设施或观测场布局图”和“新迁建气象站现址现状图、新址规划图”4 项行政审批中介服务事项，规定各级气象主管机构“在开展防雷装置设计审核行政审批时，不要求申请人提供雷电灾害风险评估报告，不要求申请单位提供防雷产品测试报告”。

（二）卫生主管部门下属事业单位

2015 年改革前，各地“职业病危害预评价”“职业病危害控制效果评价”两项行政审批中介服务多由各级卫生主管部门下属的疾病预防控制中心（以下简称“质控中心”)，或职业病防治院（所）提供。各级疾控中心与职业病防治院（所）为各级政府卫生主管部门下属的公益一类事业单位。虽然 2001 年通过的《职业病防治方法》规定“职业病危害预评价、控制效果评价应当由依法取得资质认证的职业卫生技术服务机构承担”，获得职业卫生技术服务机构资质的中介机构除疾控中心、职业病防治院（所）等事业单位，还有相关企业。根据地方调研，各地承担两项

---

① 《中国气象局 2016 年部门预算》，中国气象局官网（http://zwgk.cma.gov.cn/web/showsendinfo.jsp?id=15706)。

行政审批中介服务的行政审批中介主要为各级疾控中心和职业病防治院(所)。

各地疾控中心是21世纪以来逐渐建立起的，由政府举办的疾病预防控制与公共卫生技术管理和服务的公益事业单位，以便调整对已经不适应发展需求的卫生机构。新中国成立初期，国家卫生工作面临疫病丛生、缺药少药的严峻局面。1953年1月26日，政务院第167次政务会议批准在全国范围内建立卫生防疫站。过去几十年，中国卫生防疫事业取得重大成就，逐渐消灭各种主要流行性传染病及疫病，并在疫病控制和检测上有显著进展。计划经济体制下逐步形成的卫生监督体制，存在卫生监督与有偿技术服务行为不分，卫生监督队伍分散，难以形成监管合力，行政效率低下等情况。随着中国社会主义市场经济体制的建立和依法治国基本方略的确立，现行的卫生监督体制已不适应当前形势的要求，迫切需要进行改革。①

2000年1月，卫生部印发《关于卫生监督体制改革的意见》的通知（卫办发〔2000〕第16号），启动新一轮疾病控制与卫生监督体制改革。为与国际接轨，建立新的疾病防控模式，各地防疫站逐渐更名为疾病防控中心。由于职能的变化，各级卫生防疫站在2002年开始，特别是2003年“非典”之后，陆续分离出卫生监督所（局）后，改称为疾病预防控制中心（CDC)。有的地区实行疾控中心、卫生监督所（局）“一个机构，两块牌子”的体制。总体上，卫生防疫站分解为疾控中心与卫生监督所（局）两个机构，除在少数行业系统仍保留外，“卫生防疫站”的名称基本已不再使用。

职能上，疾病预防控制中心的职能既包括公共卫生领域的疾病防治、教育，也包括为卫生监督部门提供技术支持，完成卫生行政部门交付的任务。根据地方调研，地方疾病预防控制中心的具体职能主要包括：(1）对影响人群生存环境卫生质量及生命质量的危险因素进行食品、职业、环境、放射、学校卫生等卫生学监督检测；对传染病、地方病、寄

---

① 《中华人民共和国卫生部关于印发〈关于卫生监督体制改革的意见〉的通知》，2000年1月19日，北大法宝（http：//www. moh. gov. cn/zhuzhan/zcjd/201304/c1103a843a5e4358a99ee9e5c78ff6cd. shtml)。

生虫病、慢性非传染性疾病、职业病、公害病、学生常见病及意外伤害、中毒等发生、分布和发展的规律进行流行病学监测、并制定预防控制对策；(2) 对传染病的发生流行和中毒、污染事件进行调查处理，为救灾防病和解决重大公共卫生问题提供高技术支持；(3) 实施预防接种，负责预防用生物制品的适用与管理；(4) 负责人员培训，指导技术规范和技术措施的实施；承担爱国卫生运动中与疾病预防控制有关的技术指导；(5) 开展健康教育与健康促进，参与社区卫生服务工作，促进社会健康环境的建立和人群健康行为的形成；(6) 承担疾病预防控制及有关公共卫生信息的报告、管理和预测、预报，为疾病预防控制决策提供科学依据；(7) 开展卫生防病检测和实验室质量控制；承担卫生监督监测检验、预防性健康检查；对新建、改建、扩建建设项目的选址、设计和竣工验收进行卫生学评价；(8) 向社会提供相关的预防保健信息、健康咨询和预防医学诊疗等专业技术服务；(9) 完成卫生行政部门交付的其他任务。作为政府卫生主管部门下属的公益一类事业单位，疾控中心主要采用"参公"管理。财政收入结构上，大部分疾控中心为政府全额拨款，实行"收支两条线"的管理体制。

各地职业病防治院（所）的历史相对较长，部分省份的看职业病防治院（所）成立于新中国成立初期。中国职业病防治最初主要采用前苏联体制，"沿用了苏联规定的14种法定职业病分类"，[①]"国家组织了大量技术人员，开展了职业病控制工作"。[②] 各地纷纷成立职业病防治院（所）。目前，各地职业病防治院（所）主要是各级政府卫生主管部门下属的事业单位，进行职业病防治技术指导和技术管理，也提供职业病防治方面的行政审批中介服务。

2015年的国务院改革切断了"职业病危害预评价""职业病控制效果评价"两项服务与原有行政审批中介的联系，不再要求建设方委托持有资质的行政审批中介提供服务，建设方可委托中介机构，也可自行编制评价报告。这实际上开放了职业病防治评价中介服务市场，切断了各地疾中 心、职业防治院（所）作为事业单位的"红顶中介"与政府审批

① 贾光：《中国职业病现状》，《现代职业安全》2015年第11期。

② 同上。

部门的联系，使其回归为市场中的普通行政审批中介，与同样持有卫生技术服务机构资质的机构共同参与市场竞争。

（三）质检主管部门下属事业单位

国家质检总局以部门规章的形式规定从事特种设备检测的机构须为事业单位。《特种设备检验检测机构管理规定》（国质检锅〔2003〕249号）第四条规定“履行特种设备安全监察职能的政府部门设立的专门从事特种设备检验检测活动、具有事业法人地位且不以营利为目的的公益性检验检测机构可以从事特种设备监督检验、定期检验和型式试验等工作”。

现阶段，行政审批中介服务“特种设备检测由各地特种设备检测研究院提供”。中国特种设备检测研究院是全国唯一从事锅炉、压力容器、压力管道、特种设备检验检测与技术研究的国家级技术机构。中国特种设备检测研究院（原锅炉压力容器检测中心站）于1979年10月经国务院批准创建。伴随着政府机构改革，中国种设备检测研究院的主管部门与名称几经更迭，主要经历了两个阶段。

第一，劳动部直属事业单位阶段。1980年3月，国务院劳动总局发布［80］劳总锅字10号文件，将“锅炉压力容器检测中心站”更名为“国家劳动总局锅炉安全监察局锅炉压力容器检测中心”。1982年7月，国家劳动总局与国家人事局、科干局、编制委员会合并成立劳动人事部后，更名为“劳动人事部锅炉压力容器检测中心”。1984年7月，明确锅炉压力容器检测中心为劳动人事部直接领导的局级事业单位。1984年12月，劳动人事部批准更名为劳动人事部锅炉压力容器检测研究中心。1988年9月，国家机构编制委员会发布国机编〔1988〕24号文件（关于劳动部所属事业单位机构编制的批复），将劳动人事部分为劳动部和人事部，原“劳动人事部锅炉压力容器检测研究中心”归劳动部所属，更名为“劳动部锅炉压力容器检测研究中心”，为劳动部直属事业单位，具有独立的法人地位。①

第二，国家质检总局直属事业单位阶段。1998年6月，根据国务院

① 《中国特种设备检测研究院发展历程参见中国特种设备检测研究院官网“历史沿革”》，http：//www. csei. org. cn/index. php？ m = content&c = index&a = lists&catid = 17。

政府机构改革方案，原“劳动部锅炉压力容器检测研究中心”正式划转到国家质量技术监督局。1998 年 7 月，国家质量技术监督局正式宣布接收“锅炉压力容器检测研究中心”。1999 年 3 月，中编办发布中编办字〔1999〕15 号文件，将原“劳动部锅炉压力容器检测研究中心”划归国家质量技术监督局后更名为“国家质量技术监督局锅炉压力容器检测研究中心”。

1999 年 4 月，国家质量技术监督局通知“劳动部锅炉压力容器检测研究中心”划转由国家质量技术监督局管理后，更名为“国家质量技术监督局锅炉压力容器检测研究中心”。[①]《质量技术监督局质量技术监督管理体制改革方案的通知》(国发〔1999〕8 号)，决定在全国省以下质量技术监督系统实行垂直管理。省级特种设备检测研究院为各省质检主管部门直属事业单位。“时任国务院副总理的吴邦国指出，质量技术监督系统的属地化管理体制难以保证独立、统一、严格、公正执法。实行垂直管理体制有利于排除各种干扰，保证执法的权威性和公正性，强化监督职能，加大执法力度。”[②] 自此，省以下特种设备检测研究院开始实行垂直管理。

2002 年 2 月，国家质检总局办公厅发布质检办人〔2002〕25 号文件(关于转发《关于国家质量监督检验检疫总局直属事业单位更名及明确隶属关系的批复》的通知（中央编办复字〔2001〕227 号)），将“国家质量技术监督局锅炉压力容器检测研究中心”更名为“国家质量监督检验检疫总局锅炉压力容器检测研究中心”。2004 年 2 月国，家质检总局发布国质检人〔2004〕65 号文件（关于转发中央机构编制委员会办公室《关于质检总局锅炉压力容器检测研究中心更名的批复》的通知中央编办复字〔2004〕8 号)，批准“锅炉压力容器检测研究中心”更名为“中国特种设备检测研究中心”。2007 年 8 月，国家质检总局办公厅发布质检办人〔2007〕413 号文件（“关于转发中央编办《关于中国特种设备检测研究

① 《中国特种设备检测研究院发展历程》，2018 年 5 月 4 日，中国特种设备检测研究院官网（www. csei. org. cn/index. php？ m = content&c = index&a = lists&catid = 17)。

② 陈泽伟:《中央加强垂直管理将人财物控制权收到国家》，2006 年 11 月 14 日，中国网(www. china. com. cn/policy/zhuanti/hxsh/txt/2006 – 11/14/content_7357485_2. htm)。

中心更名的批复》的通知”（中央编办复字〔2007〕90号）），批准“中国特种设备检测研究中心”更名为“中国特种设备检测研究院”，是具有独立法人资格的局级科研事业单位，各地特种设备检测研究院实行省以下垂直管理。①

二　转制的民办非企业

“转制”指的是行政序列机构、部门或国有企业转变为政府序列以外的机构。各类转制机构出现的背景是政府职能转移。1984年颁布的《中共中央关于经济体制改革的决议》提出政府要“实行政企职责分开，正确发挥政府管理经济的职能”。② 这是转变政府职能的提法首次进入中央文件。③ 随着党的十四大召开，社会主义市场经济确立。1993年，党的十四届三中全会通过的《中共中央关于建立社会主义市场经济体制若干问题的决定》提出“转变政府职能，改革政府机构，是建立社会主义市场经济体制的迫切要求。政府管理经济的职能，主要是制订和执行宏观调控政策，搞好基础设施建设，创造良好的经济发展环境”④。

民办非企业单位指企业事业单位、社会团体和其他社会力量以及公民个人利用非国有资产举办的，从事非营利性社会服务活动的社会组织。⑤ 建设工程领域存在一些民办非企业行政审批中介。这些中介机构并非组建之初就是民办非企业性质，而是从不同性质的前身转制而来。转制的民办非企业指由其他性质的组织转制为民办非企业。此处的“其他性质的组织”多指政府部门、事业单位。

在政府部分职能开始向社会转移的背景下，有些政府内设部门开始社会化，最终转为民办非企业。建设工程领域，每个领域民办非企业的

① 陈泽伟：《中央加强垂直管理将人财物控制权收到国家》，2006年11月14日，中国网（www.china.com.cn/policy/zhuanti/hxsh/txt/2006-11/14/content_7357485_2.htm）。

② 《中共中央关于经济体制改革的决定》，2008年6月26日，中央人民政府门户网站（www.gov.cn/test/2008-06/26/content_1028140_2.htm）。

③ 黄庆杰：《20世纪90年代以来政府职能转变述评》，《北京行政学院学报》2003年第1期。

④ 《中共中央关于建立社会主义市场经济体制若干问题的决定》，《人民日报》1993年11月17日。

⑤ 中华人民共和国国务院：《民办非企业单位登记管理暂行条例》1998年10月25日。

出现都具有特殊性，在政府转变职能、“政企分开”“政社分开”的背景下，具有不同的原因。建设工程领域，有些地方的“会务”“建设工程施工图审图”两项行政审批中介服务由转制的民办非企业提供。

表2—8　建设工程领域转制的民办非企业中介

转制的民办非企业				
序号	服务事项	各地常见中介名称	中介性质	可能性前身
1	会务	各类会务服务机构	转制的民办非企业	政府建设主管部门内设部门
2	建设工程施工图审图	审图中心	转制的民办非企业	政府建设主管部门内设部门

资料来源：笔者自制。

（一）转制的民办非企业承担会务服务①

“改革开放以来，预算外资金增长较快。”② 1996年7月6日，国务院发布《关于加强预算外资金管理的决定》（国发〔1996〕29号），决定“加强收费、基金管理，严格控制预算外资金规模”，建立“行政事业性收费要严格执行中央、省两级审批的管理制度”，规定“未按规定报经批准的或不符合审批规定的各种行政事业性收费，都属乱收费行为，必须停止执行”。

此背景下，地方政府部门开始减少收费事项。有地方政府职能部门在减少收费事项的同时，牵头成立政府序列以外的机构，将收费事项转移给这些机构，行政主管部门领导兼任机构负责人。建设工程领域，有些地方政府建设主管部门将部分收费性职能转移出来，由政府出资成立民办非企业，并由民办非企业负责收费事项。组织专家评审的会务工作就是其中一项收费事项。各地行政审批会务组织机构的形式多样、性质

① 本研究未在其他部分将会务列为行政审批中介服务主要由于此项服务未有明确法律、法规、政策文件依据，然而此类服务机构也在行政审批过程中扮演中介角色，因此在本部分进行分析。

② 中华人民共和国国务院：《国务院关于加强预算外资金管理的决定》，1996年7月6日（www.china.com.cn/law/flfg/txt/2006-08/08/content_7059621.htm）。

复杂，民办非企只是会务组织机构的形式之一。有的地方，转制的民办非企业由行政主管部门领导人兼任机构负责人，民办非企业与政府具备天然亲缘关系，业务上受惠于行政主管部门，逐渐成为“红顶中介”。

随着国家推进社会组织改革，国务院率先在中央层面推进党政机关领导不得兼任社会团体领导职务。1994年，国务院办公厅发布《国务院办公厅关于部门领导同志不兼任社会团体领导职务问题的通知》（国办发〔1994〕59号），国务院各部委、直属机构一批领导干部辞去兼任的社会组织领导职务。1998年，中央办公厅、国务院办公厅发布《关于党政机关领导干部不兼任社会团体领导职务的通知》（中办发〔1998〕17号），要求县级以上各级党的机关、人大机关、行政机关、政协机关、审判机关、检察机关及所属部门的在职县（处）级以上领导干部，不得兼任社会团体（包括境外社会团体）领导职务（含社会团体分支机构负责人）。因特殊情况确需兼任社会团体领导职务的，必须按干部管理权限进行审批，并按照所在社团的章程履行规定程序后，再到相应的社会团体登记管理机关办理有关手续。此后，各地开始在人事关系上推行社会团体去行政化。此背景下，行政主管部门领导逐渐卸任转制民办非企业的负责人，但基于历史渊源，很多地方政府并未切断与转制民办非企业的联系，转制民办非企业仍旧受到各类业务输送，多年维持“红顶中介”的地位。

（二）转制的民办非企业承担建设工程施工图审图服务

承担建设工程施工图审图服务的中介机构也性质多元、形式多样，有事业单位、企业等，民办非企业是其中一种形式。建设工程施工图审图职能期初也是由政府建设部门执行。20世纪90年代末，建设工程领域质量安全事故频发，国家决定实施施工图审查制度，并要求各地成立审图中心。在此背景下，各地纷纷成立审图中心，成为承担建筑工程施工图审图的行政审批中介机构，但机构性质各地有所不同。有的地方的审图中心为事业单位。政府将审图职能转移给建设主管部门直属事业单位；有的地方改革程度较大，开放市场，政府将审图职能直接转移给市场主体，由企业承担；还有地方审图职能由政府转移给转制的民办非企业。

最初阶段，有的地方转制的民办非企业由政府建设部门主管领导担任负责人。随着国家政策要求政府与社会团体脱钩，公务员不再兼任社会团体领导，各地行政主管部门领导不在兼任审图中心负责人。有些地方，审图中心逐渐实行全体职员聘任制。虽然有些转制的民办非企业实现了管理体制改革，但由于与政府存在历史亲缘关系，有些转制的民办非企业仍为区域内唯一审图机构，承接地区所有审图中介服务。

三 性质模糊的转制单位

建设工程领域，有的行政审批中介性质比较模糊，既有事业单位的色彩，又带有企业的特点，是转制过程中发展出的“四不像”。这些性质模糊的中介机构最初也脱胎于政府职能部门，在政府机构改革、职能转移、企业转制等背景下，在管理方式上逐渐转变为企业管理体制，采取企业运作模式，合同聘任员工，财政自负盈亏。根据地方调研，有的机构在企业转制时并不彻底，并未与国有资产做彻底切割，有些单位并未经过股份制改革，未对资产进行核资和评估，直接接受国有资产。这些机构既不是事业单位，也非转制的企业，类似国有企业，但又存在一定的人事与财务自由。政府的历史关系使得这些机构仍然可以获得行政主管部门有导向的政策倾斜和照顾，处于惯性与信任，政府还会将内部日常工作交付此种机构承担。

建设工程领域有的地方的工程检测机构属于此种情况。工程检测机构主要负责建设工程检测、交通、水利检测。此外，有的地方检测机构还负有行政监督管理职能，完成政府交付的任务。由于政府不具备检测力量，在日常监管上仍依赖检测中心，会因应需要委托检测中心，就指定内容进行检测，并出具检测报告。转制单位作为“红顶中介”与政府利益链形式多样。有些转制单位已实现自主经营、自负盈亏，财务上与政府脱钩，但在业务上并未实现脱钩。比如，有的地方工程检测机构免费承接政府指派工作，政府在行政审批中介业务上有所倾斜，实现双方互惠。

表2—9 性质模糊的转制单位

性质模糊的转制单位			
序号	服务事项	各地常见中介名称	可能性前身
1	工程检测	建设工程质量安全监督检测所（中心）等	政府建设主管部门内设部门

资料来源：笔者自制。

（一）转制企业

转制企业指由政府部门或其他性质的体制内单位转制而来的企业。与其他性质的转制单位不同的是，转制企业较为彻底地实现了与政府脱钩，成为市场主体。所谓“较为彻底的脱钩”指的是企业经国有资产主管部门资产估价，转制为股份有限公司。转制企业主要分两类：一类是有事业单位转制的企业；另一类是由政府内设部门转制的企业。如表2—10所示，建设工程领域，有的地方的环境评价机构、人防工程审图机构、设计机构属于这两种情况。

表2—10　　　　建设工程领域转制企业行政审批中介

转制企业			
序号	服务事项	各地常见中介名称	可能性前身
1	环评文件编制	环境研究所/研究院等	事业单位
2	环保验收报告		事业单位
3	人防工程施工图审图	人防工程科技/咨询公司等	政府人防主管部门内设部门
4	人防工程设计	建筑设计有限公司等	政府人防主管部门内设部门

资料来源：笔者自制。

（二）作为转制企业的环境影响评价机构

根据地方调研，有些地方环境影响评价机构最初以事业单位的形式成立。身为事业单位的环境评价机构，在财政与人事上都不独立，缺乏自主发展空间。事业单位财政上实行收支两条线，收入归入政府财政。“收支两条线”财政管理体制下，事业单位支出与收入不挂钩，环境影响评价机构生存压力小，经常处于支出大于收入的亏损状态。人事上，事业单位工资来自政府财政，编制法定，有些地方环境影响评价机构提供的服务远不能满足市场需求。

此种情况下，有些地方政府环境主管部门开始主动谋求改革转制，积极与上级政府沟通，推动事业单位转制。地方改革一般由国有资产主管部门主持，对地方事业单位进行资产核查、评估。有的行政主管部门亲自负责设计改革方案以及股权分配结构，将事业单位推向市场。转制后的环境影响评价机构转变为股份有限公司，公司资产包括原有事业单位的固定资产以及以人员为主的无形资产。

由于事业单位转制为企业不仅将固定资产转制，也将人员转制，原有事业单位领导同时转变为转制企业的主要股东。根据地方调研，虽然有的地方转制企业实行集体控股，但原有事业单位领导集体参股超过50%，对转制企业实行实际控股，因此原有事业单位主要领导仍主导管理转制企业的发展方向与日常业务。原行政主管部门虽然名义上不再是转制企业的主管部门，但实际上由于机构与人事上的亲缘关系，仍与政府环境主管部门保持亲密关系。紧密关系具体表现在：政府会长期定向转制企业购买服务，服务价格有可能为低于市场价的协议价；政府在环境影响评价中介服务政策上对转制企业进行倾斜，令转制企业市场竞争中保有优势。

市场竞争力弱的机构，“转制”可能将机构发展推向不利地位。有些地方的转制企业发展并不顺利，有的机构不能顺应市场竞争需求，连年亏损，最终以倒闭结业收场。对于有市场竞争力的事业单位，“转制”则盘活了就有管理体制、激活了机构发展。一般来讲，有竞争力的转制环境评价机构，转制后业务呈现多元化发展趋势，如包括：编制环境影响评估报告编制、环境监理及验收报告、向政府和市场提供环境咨询等。根据地方调研，由于长期以来环境影响评价属于政府要求的行政审批中介服务，不少地方的转制环境影响评价机构凭借与政府的紧密相关，垄断或占有绝对优势的市场份额。加之转制度后，参与市场竞争，以及进行多元化发展，转制企业进一步拓展了利润空间。这部分环境影响评价机构本身实力雄厚，具有技术优势，转制后凭借与政府的历史关系，仍戴着“红顶中介”的帽子，在市场形成绝对优势，则快速发展为区域内垄断或部分垄断企业。

中华人民共和国《环境影响评价法》第十九条规定：“为建设项目环境影响评价提供技术服务的机构，不得与负责审批建设项目环境影响评价文件的环境保护主管部门或其他有关审批部门存在任何利益关系。”政府环保主管单位下属或转制环境评价机构与政府的连带关系违反《环境影响评价法》。2015年行政审批中介改革以来，环境影响评价行政审批中介引起中央政府重视。

2015年2月，中央第三巡视组专项巡视反馈意见指出：“环评技术服务市场‘红顶中介’现象突出，容易产生利益冲突和不当利益输送。全国环保系统所属环评机构，以其部门背景在环评技术服务市场取得竞争优势，有的业务可能导致公共利益与部门利益冲突，违反《环境影响评价法》。巡视组同时要求全国环保系统所述环评机构限期完成环评机构脱钩改制，规范环评技术服务市场。”①

2015 年 3 月，国务院环境保护部印发《全国环保系统环评机构脱钩工作方案》（环发〔2015〕37 号），（以下简称“方案”）指出要，彻底“消除环评机构的环保部门背景，彻底解决环评技术服务市场‘红顶中介’问题，防止产生利益冲突和不当利益输送。全国环保系统环评机构脱钩工作完成后，环保系统直属单位以及直属单位全资、控股、参股企业，不得以任何形式在任何环评机构参股”。方案同时提出全国范围环境影响评价“红顶”行政审批中介脱钩的具体方案和时间表，要求“按照中央第三巡视组专项巡视反馈意见关于‘限期完成环评机构脱钩改制’的要求，部直属单位的 8 家环评机构率先在 2015 年 12 月 31 日前脱钩”；“省级和非西部地区省级以下有环评资质的直属单位，以及环保系统直属单位全资、控股、参股（含直属单位全资、控股、参股企业再出资）成立的企业性质环评机构，必须在 2016 年 6 月 30 日前与直属单位彻底脱钩。西部地区（包括内蒙古、广西、重庆、四川、贵州、云南、西藏、陕西、甘肃、青海、宁夏、新疆）的省级以下环保系统具有环评资质的直属单位，以及环保系统直属单位全资、控股、参股（含直属单位全资、控股、参股企业再出资）成立的企业性质环评机构，必须在 2016 年 12 月 31 日前与直属单位彻底脱钩。”“逾期未与环保系统直属单位彻底脱钩的，将取消其建设项目环评资质，全部退出建设项目环评技术服务市场。”

在脱钩的具体要求上，方案要求“全国环保系统具有环评资质的直属单位（非企业性质环评机构），可以通过依法将建设项目环评业务整体划归环保系统以外的其他企业，或者由单位职工以自然人出资成立的企业，或者退出建设项目环评业务等形式，彻底脱钩。全国环保系统直属

① 环境保护部：《关于印发〈全国环保系统环评机构脱钩工作方案〉的通知》，2015 年 3 月 23 日（www. zhb. gov. cn/gkml/hbb/bwj/201503/t20150325_298027. htm）。

单位全资、控股、参股（含直属单位全资、控股、参股企业再出资）成立的企业性质环评机构，可以通过依法撤回股份、转让股份、划转国有资产监督管理部门，或者退出建设项目环评业务等形式，彻底脱钩。全国环保系统环评机构脱钩后，直属单位及其所属企业的在编和聘用人员，一律不得作为环评专职技术人员参与建设项目环评技术服务工作，不得在环评机构参股。原环评专职技术人员愿意继续专职从事建设项目环评技术服务工作的，必须与直属单位及其所属企业解除人事劳动关系。”国务院环境保护局要求全国环保系统的“红顶中介”在机构属性上完成与政府脱钩，这是一项正在进行的改革，改革效果还有待进一步观察。

（三）作为转制企业的人防工程施工图审图与设计机构

国家人防办对人防工程审图机构实行资质管理，持人防工程施工图设计文件审查资格证的审图机构方可执业。理论上，凡符合资格审查要求的机构皆可申请获得人防工程施工图审图资格。实际上，根据地方调研，由于国家人防主管部门实行垂直封闭式管理，不少地方人防工程施工图审图机构的身份是转制企业，且辖区内数量有限。部分地区的转制企业脱身于政府内设部门。如上所述，在政府职能转移的背景下，政府人防主管部门审图职能逐渐转移给社会。有的地区，人防主管部门的内设审查部门转制为股份有限公司。与其他领域的转制企业类似，人防系统的转制企业因与政府存在亲缘关系，由此享有业务获取上的优势。

类似于人防工程施工图审图及机构，20 世纪 90 年代起，政府人防主管部门将人防工程设计职能逐渐剥离出政府。有些地方政府的人防工程设计职能先转为事业单位，再由事业单位转为转制企业。不同层级政府职能部门转制企业在市场中的优势地位不同。如果一地区市场中同时存在由不同层级政府而来的转制企业，通常更高层级的转制企业享有更多资源、更广平台。由于区域内人防工程设计机构数量总体有限，各类转制企业在划分市场份额上通常可以磨合达致平衡。

四 企业

企业指依法登记、具有法人资格的商事主体。这里的企业不包括与政府关系紧密的转制企业。建设工程领域大部分行政审批服务事项由企业性质的行政审批中介承担。如表 2—11 所示，各地由企业承担的行政审批中介服务至少包括19项。[①] 主要由企业承担的行政审批中介服务领域，通常在区域内存在多家企业竞争。有的服务领域存在企业与各类“红顶中介”混杂竞争的局面。这些领域与“红顶中介”垄断或占主导地位的领域不同。虽然“红顶中介”存在与这些领域，但数量较少并未对市场形成垄断，或与一般企业共同参与竞争，或即便享有政府优惠政策，也局限在特定业务领域，并未对市场其他主体形成压倒性优势。比如测绘领域，既存在事业单位性质的测绘院，也存在大量一般企业性质的测绘公司。有的服务领域市场化相对充分，参与市场竞争者主要以一般企业为主。比如，建设工程监理领域，此领域发展较晚，属于中国借鉴西方经验推行的过程监管机制。该领域在发展之初就全面推行市场化，政府、事业单位、转制企业较少介入。因此该领域目前的市场竞争主体是一般企业。

表2—11　　　　建设工程领域企业行政审批中介

建设工程领域企业行政审批中介	
序号	服务内容
1	地质灾害治理工程勘察
2	地质灾害评估
3	地质灾害治理工程设计
4	地质灾害治理工程监理
5	地质灾害治理施工
6	工程造价咨询
7	现状测绘（综合管线图）、房产、宗地图测绘
10	节能评估文件编制
11	规划设计
12	防雷装置设计
13	建设工程勘察、设计
14	建设工程监理
15	建设工程施工

① 各地根据实际情况存在区域差异。比如，南方多地因天气潮湿，民建工程投资项目还要委托行政审批中介进行白蚁防治等。

续表

建设工程领域企业行政审批中介	
序号	服务内容
16	防雷设施施工
17	招标代理
18	除四害
19	档案资料整理

资料来源：笔者自制。

第 三 章

政府规制:行政审批中介管理制度

第一节　行业准入规制:行政审批中介资质管理体制

中国政府对行政审批中介采取机构资质管理体制。从事相关行业的中介机构，在获得营业执照的同时，须申请获得相关行业的从业资质，才能在相关领域开展业务。与获得营业执照的市场准入不同，这是行业准入管理体制。

依资质管理方式不同，中国建设工程领域行政审批中介机构资质管理可分为五类：申请—审核制；政府指定；备案；招标，以及数据库。建设工程领域绝大多数行政审批中介须具备相关资质。行政审批中介资质原则上属开放体系，不同等级的资质有不同要求，合格者均可申请。以下将就资质体系、主管部门、资质发放、管理机构等方面展开讨论。

一　申请—审核制

“申请—审核制”指行政审批中介从业资质须经申请者申请，行政主管部门审核发放的资质管理制度。资质属性可分为专有资质、参照资质，专有资质附加区域准入机制。

（一）专有资质

建设工程领域行政审批资质体系分为多级资质和单级资质。多级资质指同一资质名称具备不同级别，通常为甲、乙、丙三级资质，甲级资质要求最高，可从业范围最广，或从业级别最高。

（1）多级资质体系

绝大部分多级资质体系采取国家垂直管理的模式，甲级资质由国家有关主管部门管理，具体包括部委、国务院直属事业单位、国家部委管理的事业单位进行审定、发放及管理，部分资质由省有关部门负责初审。乙、丙级资质由省有关部门发放。

个别多级资质体系采取省以下垂直管理的模式，由省主管单位审核发放管理甲级资质，地级市主管部门审核发放管理乙、丙级资质。还有个别资质已经交由地方行业协会管理，由协会制定多级资质管理标准，审核发放管理区内资质。

（2）单级资质体系

单级资质指资质不分级别，由一级主管部门负责审核发放。建设工程领域，负责审核、发放单级资质的机构比较多元，但只限于省以上层级的主管部门，包括军事系统、国家部委、省政府部门，国家级学会等。

（3）多种资质

多种资质指不同行政主管部门针对同一中介服务发放不同资质。从事该行政审批中介服务的机构只需具备其中任何一种资质。比如，“节能评估文件编制”属于此种情况。有的省份，发展改革委和经济信息委都对节能技术服务单位的业资质具管理权。这种多头治理的情况并非刻意而为。“节能评估”属比较晚近产生的行政审批中介服务领域。

2006 年 8 月，国务院发布《国务院关于加强节能工作的决定》（国发〔2006〕28 号），其中第十七条规定发改委为国家节能工作主管部门，发展改革委负责“督促各地区、各有关部门和有关单位抓紧落实相关政策措施，确保工程配套资金到位，同时要会同有关部门切实做好重点工程、重大项目实施情况的监督检查”。2010 年 9 月，国务院根据《中华人民共和国节约能源法》《国务院关于加强节能工作的决定》，制定发布《固定资产投资项目节能评估和审查暂行办法》（发改令第 6 号）（以下简称《暂行办法》），要求固定资产投资项目进行节能评估，对固定资产投资项目节能评估文件编制资质实行分类管理，设置行业准入门槛。不同项目须依能耗标准编制节能评估报告书、节能评估报告表，或填写节能登记表。《暂行办法》第九条规定，“固定资产投资项目节能审查按照项目管理权限实行分级管理。由国家发展改革委核报国务院审批或核准的项目以及由国家发展改革委审批或核准的项目，其节能审查由国家发展改革委负责；由地方人民政府发展改革部门审批、核准、备案或核报本级人民政府审批、核准的项目，其节能审查由地方人民政府发展改革部门负责。”

与此同时，工业和信息化部（以下简称“工信部”）也对“节能评估”实行管理。2010 年，工信部发布《关于加强工业固定资产投资项目节能评估和审查工作的通知》（工信部节〔2010〕135 号），规定各地工业和信息化主管部门“完善本地区工业固定资产投资项目节能评估和审查制度，逐步推动工业领域固定资产投资项目节能评估和审查工作”。虽然根据工信部“通知”，各地工业和信息化主管部门负责工业固定资产投资项目，但有的地区工业及信息化主管部门统筹建设项目节能评估审查以及行政审批中介资质审查工作。

在省级层面，以广东省为例，2011 年 7 月，广东省发改委制定发布《广东省发展和改革委员会关于固定资产投资项目节能评估机构备案管理有关事项的通知》（粤发改资环〔2011〕913 号），对广东省内节能技术评估机构的从业资格做了具体规定。由于国家对节能评估机构机构尚未制定资质管理办法，广东省发改委自行设立资格标准。虽然广东省发改委将此标准称为备案管理，但这实质上是资质管理方式。广东省发改委将资格标准建立在国家已有相近领域的资质上。除人员、评估能力等要符合相应要求外，还要求节能技术评估机构必须取得国务院有关部门认定的工程咨询或设计资格，或节能评估能力已获得国家和省有关部门认可。

省发改委外，广东省经济和信息化委员会也是节能技术服务单位的主管部门。2012 年 4 月，广东省经济和信息化委员会发布《关于节能技术服务单位备案的管理办法》（粤经信法规〔2012〕307 号），规定“省经济和信息化委负责对省节能服务单位进行备案管理，并按照规模和实力，将省节能服务单位分为甲、乙、丙三级进行管理。省节能服务单位可受委托开展推行合同能源管理、第三方节能量审核、能源检测、能源审计、节能规划和节能咨询、评估、宣传培训等节能服务”。

2014 年 2 月，广东省政府印发了《广东省经济和信息化委员会主要职责内设机构和人员编制规定》（粤府办〔2014〕6 号），对广东省经信委的职能做出调整，将节能减排综合协调职责划入省发展改革委。此后有关节能减排工作皆由省发改委统筹。但此前由省经信委审批通过的节能技术服务机构资质依旧有效。

（二）参照资质

参照资质体系指政府根据既有资质认定某一行政审批中介的资质。对于尚未存在资质管理体系，又急需准入监管的领域，政府参照既有资质，允许其他既有资质持证者从事该领域行政审批中介服务。此种情况一般由于此领域尚未具备资质体系，或者此领域国家规定的资质要求过高，地方没有合资格机构可以提供相关中介服务。

比如“人防工程设计”，人防工程设计资质由国家人防办管理。根据地方调研，虽然国家人防办《人民防空工程设计资质管理规定》（国人防〔2009〕281号）规定了人防工程设计甲、乙级资质的要求，但实际操作中以政府指定为主。合资质申请者能否获得相应资质，主要由国家人防办决定。此情况下，有的地方辖区内没有合资质机构。有的地方政府进行变通处理。比如，获得住建系统发放的工程设计甲级资质的行政审批中介，可在辖区内提供人防工程设计服务。

（三）专有资质加附加区域准入机制

有的领域虽然存在资质管理体制，为规范辖区内中介市场，地方行政主管部门在既有资质管理体制的基础上，建立区域行业准入机制，规定凡在区内从业者，除获得资质许可部门颁发的资质外，还须通过区内准入机制的审核。比如测绘行业，有的地区成立了测绘行业区域准入机制。辖区内的测绘类行政审批中介除须获得国家认可的测绘资质，还需通过辖区的审核。

二 行政主管部门指定

2015年改革前，有些中介机构的从业资格由行业主管部门指定。行业主管部门指定行政审批中介从业资格分为两种情况。第一种，指定具体机构。只有被认定的机构才能从事有关中介服务。对此种情况的改革是2015年国务院清理规范行政审批中介服务的工作重点之一。第二种，认定达标者。主管部门在符合一定标准的机构中指定部分机构提供某项行政审批中介服务。

（一）行业主管部门指定具体机构

部分领域中介从业资格由政府指定，不具备公开申请的资质体系。2015 年行政审批中介改革前，建设工程领域此类行政审批中介包括各级气象主管部门负责审批的“雷电灾害风险评估”“防雷装置设计技术评价报告编制”，以及发改部门负责审批的“节能评估文件编制”。改革后，政府不再要求申请人委托行政审批中介，相关服务由政府自行组织开展。

1. 雷电灾害风险评估

对于“雷电灾害风险评估”，部门规章对何种项目须进行雷电灾害风险评估做了规定。中国气象局第 24 号令《防雷减灾管理办法》第 27 条规定“大型建设工程、重点工程、爆炸和火灾危险环境、人员密集场所等项目应当进行雷电灾害风险评估，以确保公共安全”。

国务院部门规章虽然规定了指定项目必须进行雷电灾害风险评估，但并没有定明雷电灾害风险评估资格管理办法。具体管理办法由省气象主管部门订立。有的省规定从事“雷电灾害风险评估”的中介机构须由省级气象主管机构确认的防雷专业技术机构承担。省气象局作为省气象主管部门，又将部分管理权进一步下放给地方。

广东省气象局《关于进一步加强雷电灾害风险评估工作的通知》（粤气〔2013〕88 号）规定，“雷电风险评估活动应由省级气象主管机构确认的防雷专业技术机构承担。雷电灾害风险评估原则上实行分级制度。(一）省管权限及以上项目的雷电灾害风险评估服务由省级防雷专业技术机构会同项目所在地市级防雷专业技术机构承担；（二）省管权限及以下项目的雷电灾害风险评估服务由市级防雷专业技术机构会同项目所在地县级防雷专业技术机构承担”。

行政审批中介改革启动后，具备能力的防雷技术服务机构或地方性法规明确的机构都可从事雷电灾害风险评估业务，国务院审批部门不再要求申请人提供雷电灾害风险评估报告，由审批部门完善标准，组织开展区域性雷电灾害风险评估。[①]

---

① 中华人民共和国国务院：《国务院关于第一批清理规范 89 项国务院部门行政审批中介服务事项的决定》，2015 年 10 月 15 日（www. gov. cn/zhengce/content/2015 - 10/15/content_10225. htm）。

2. 防雷装置设计技术评价报告

对于“防雷装置设计技术评价报告”，国务院部门规章规定了出具“防雷装置设计技术评价报告”的机构须由政府指定，并将指定权下放到地方政府。中国气象局第21号令《防雷装置设计审核和竣工验收规定》第九条规定“申请防雷装置施工图设计审核应当提交……经当地气象主管机构认可的防雷专业技术机构出具的防雷装置设计技术评价报告”。

改革后，国务院审批部门不再要求申请人提供防雷装置设计技术评价报告，改由审批部门委托具备能力的防雷技术服务机构或地方性法规明确的机构开展防雷装置设计技术评价。①

3. 节能评估文件编制

如前所述，节能评估文件编制作为行政审批中介服务事项出现比较晚近，各地对行政审批中介机构的资质规定不一。改革前，有些地方要求只有政府指定的机构提供节能评估文件编制服务。改革后，有相应能力的编制机构皆可编制节能评估文件编制。申请人可按要求自行编制节能评估文件，也可委托有关机构编制，国务院审批部门不得以任何形式要求申请人必须委托特定中介机构提供服务；保留审批部门现有的固定资产投资项目节能评估文件技术评估、评审。② 这意味着各级主管部门不再将节能评估文件编制机构纳入行政审批中介资质管理体系。

（二）行政主管部门认定达标者

行政主管部门对有的行政审批中介服务在辖区内的机构数量进行总量控制。政府管理市场准入的同时，还决定市场规模。对于“认定达标者”，行政主管部门首先制定一套从业标准，在符合标准的中介机构中进行选择，认定其中部分中介机构为有资格提供行政审批中介服务的机构。在合乎标准的机构中进行主观选择并非意味着合乎标准的申请者都可以获得资质。在这个意义上，行政主管部门认定达标者是一种比资质管理

① 中华人民共和国国务院：《国务院关于第一批清理规范89项国务院部门行政审批中介服务事项的决定》，2015年10月15日（www. gov. cn/zhengce/content/2015 - 10/15/content_10225. htm）。

② 中华人民共和国国务院：《国务院关于第三批清理规范国务院部门行政审批中介服务事项的决定》，2017年1月22日（www. gov. cn/zhengce/content/2017 - 01/22/content_5162221. htm）。

体制准入标准更高，难度更大的资质获取方式。

比如“建设工程施工图审图”，国务院部门规章规定审图机构由政府认定，具体认定数量由省、自治区、直辖市政府自行决定。《房屋建筑和市政基础设施工程施工图设计文件审查管理办法》（住建部令〔2013〕第13号）（以下简称“13号令”）第五条规定“省、自治区、直辖市人民政府住房城乡建设主管部门应当按照本办法规定的审查机构条件，结合本行政区域内的建设规模，确定相应数量的审查机构”。13号令同时规定了各类审图中心的资格要求。比如，一类机构审查人员须有15年以上所需专业勘察、设计工作经历；主持过不少于5项大型房屋建设工程、市政基础设施工程相应专业的设计或者甲级工程勘察项目相应专业的勘察等。二类机构审查人员有10年以上所需专业勘察、设计工作经历；主持过不少于5项中型以上房屋建设工程、市政基础设施工程相应专业的设计或者乙级以上工程勘察项目相应专业的勘察。在此基础上，各省、自治区、直辖市可自行规定其他具体要求。由于国家对从事可建设工程施工图的行政审批中介实行总量控制，地方各级辖区内即便满足国家与地方要求的行政审批中介机构也不可能全部获得从业资质。

再如，“特种设备检测”。国家对特种设备检测机构实行总量控制，国家级行政主管部门为国家质检总局，在符合一定标准的机构中进行资质认定。国家质检总局《特种设备检验检测机构管理规定》（国质检锅〔2003〕249号）第六条规定，“国家质检总局和省级质量技术监督部门应当根据特种设备数量及分布情况，按照合理布局、优化结构配置的原则，对检验检测机构的设置进行统筹规划”。国家质检总局《特种设备检验检测机构核准规则》（TSGZ7001－2004）将检验检测机构按照其规模、性质、能力、管理水平等核定为不同类别，并同时规定具体级别的核定条件。地方政府在此基础上，进一步制定其他附加要求，并限定市场规模。

三　备案

少量行政审批中介领域须向行政主管部门备案方可从业。比如，有的地方的“档案资料整理”采用“登记备案”的方式管理从业资格。备案管理是比较宽松的管理方式，大多发生在竞争比较充分的开放市场领域，管理对象通常为技术含量相对较低的服务领域。欲从事先关行政审批中介服务的机构无须经过审核获得资质，只需到行政主管部门进行登记备案。比如，有的地方政府对“档案资料整理”采取备案管理，服务的企业机构须到该事项主管部门佛山市档案馆登记备案，管理依据为地方法规。《中华人民共和国国家档案法》作为全国性法律，并没有对档案中介服务机构做出具体规定。

因此，有的地方政府根据国家法律的指导精神，出台地方性法规，对辖区内事档案资料整理等中介服务机构的资格做出了具体规定。比如，广东省出台地方性法规《广东省档案条例》（以下简称《条例》）。《条例》第十四条规定“从事档案评估、整理、鉴定、寄存等中介服务的，应当依法登记注册设立档案中介服务机构，并报所在地档案行政管理部门备案”。广东省档案主管部门广东省档案局根据《条例》进而制定《广东省档案中介机构备案登记管理办法》，其中第三条规定“凡从事档案咨询、评估、鉴定、整理、寄存和数字化机构均要先行在所在地档案局备案登记，未经备案登记的机构及其从业人员不得从事上述业务”。广东省内各地级市根据《广东省档案条例》和《广东省档案中介机构备案登记管理办法》的基础上，进而制定辖区内管理办法。

四　招标

个别行政审批中介资质通过公开招标发放。随着视频监控成为建设工程过程监管的重要手段，视频监控也被纳入审批中介服务。有的地方采取公开招标的方式委托视频设备提供商。具体做法为，由政府进行公开招标，委托视频设备及服务提供商，辖区内所有建设工程均须向设备及服务提供商购买设备，安装于工地现场，设备费及服务费由建设方承担。

五　数据库

数据库主要用于认定评审专家资格。目前中国各省大多采取建立数据库的方式管理评审专家。在数据库建立依据上，有的领域以部门规章为依据。比如，国务院水利主管部门水利部2005年发布《关于规范水土保持方案技术评审工作的意见》（以下简称“意见”）（办水保〔2005〕

121号）。其中第三条规定“水行政主管部门对评审专家进行考核认定，并建立专家库，组织技术培训。未进入专家库并经过相应培训的专家不得参加水土保持方案的技术评审工作”，以部门规章的方式规定了国务院及地方各级水利主管部门必须通过建立数据库的方式管理评审专家。根据意见，各级水利行政主管部门行使入库专家遴选工作，负责对拟入库专家的考核以及选拔。同时，各级水利行政主管部门负责对入库专家进行培训。为保证公正、公平、公开，行政主管部门须在每次评审时从数据库中抽取专家。根据意见，非入库专家不具备评审资质，不能参与水土保持方案的专家评审工作。虽然并非所有专家评审领域都存在建立评审专家数据库法律法规及文件依据，但数据库是目前比较通行的评审专家资质管理方式。

第二节　竞争规制：市场开放程度管理

行政主管部门通过管理行政审批资质规制市场准入可以影响市场竞争程度。资质管理的侧重点在于管理市场准入资格，根据一定标准筛选何种中介可以进入市场。由此对市场开放程度产生的影响是连带效应。行政主管部门还可以直接规制市场竞争。行政主管部门对竞争的态度会直接影响市场开放程度。在竞争规制中，对行政审批中介的资质管理成为工具。

改革前，各领域行政主管部门对竞争的态度可分为几类：不开放竞争、允许部分竞争、允许竞争。在不开放竞争的领域，市场为封闭状态，市场主体不能自由参与竞争；在允许部分竞争的领域，满足行政主管部门要求的市场主体可以参与竞争，市场呈半开放状态；在允许竞争的领域，市场主体可自由参与竞争，市场呈开放状态。以下将分类讨论各类不同开放程度的市场，并分析原因。

一　不开放竞争：封闭市场

此种类型主要存在于改革前。在行政主管部门不开竞争的领域中，行政审批中介的资质多由主管部门指定，不存在可以开放申请的资质管理体制。由于市场呈封闭状态，行政审批中介的从业具有地域限制，行政主管部门指定的机构才可在辖区内从业。

如表3—1所示，改革前此类领域主要为气象类服务。如上所述，2015年5月，中国气象局发布《关于取消第一批行政审批中介服务事项的通知》（气办发〔2015〕22号），取消“雷电灾害风险评估”，不再作为行政审批中介服务事项。“防雷装置技术评价报告编制”是施工前对建筑物防雷装置初步设计的技术评价，关乎防雷装置施工设计是否合规；“防雷装置检测报告编制”是竣工验收环节对防雷工程施工质量的综合检测，予以保留。如本书所示，气象类行政审批中介由气象主管部门指定。目前各地主要气象行政直属事业单位防雷中心与防雷检测所提供服务。除已经取消的“雷电灾害风险评估”，其他气象类行政审批中介服务仍未开放市场竞争。

表3—1　　改革前不开放竞争的行政审批中介服务领域

不开放竞争行政审批中介服务领域			
序号	行政审批中介服务	行政审批中介性质	行政主管系统
1	雷电灾害风险评估（已改革）	事业单位	气象
2	防雷装置检测报告编制（已改革）	事业单位	气象
3	防雷装置设计技术评价报告编制（已改革）	事业单位	气象

资料来源：笔者自制。

气象类行政审批中介服务属于垂直管理系统，且承担行政审批中介服务的机构为事业单位。气象类行政审批中介服务的主管部门是中国气象局。“全国气象部门实行统一领导，分级管理，气象部门与地方人民政府双重领导，以气象部门领导为主的管理体制。”① 实际操作过程中，一级气象部门主要对上级气象部分负责，地方政府对气象管理的介入较少。垂直管理体现在对业务，以及人、财、物的统一管理。气象业务由气象系统统一管理；人、财、物方面，根据不同地方的具体情况，实行不同的管理方式。特别在财政拨款上，有的地方气象部门执行中央财政全额

① 《中国气象局简介》，中国气象局官网网站（http://www.cma.gov.cn/2011zwxx/2011zbmgk/201110/t20111026_117793.html）。

拨款，有的实行地方部分拨款，有的主要靠地方气象部门自主创收。

二　存在部分竞争：半开放市场

允许部分竞争指行政主管部门在一定程度上为与政府并无亲缘关系的市场主体留有参与竞争的空间，但可以获得市场主体业务的仍为与政府关系紧密的行政审批中介。如表3—2所示，允许部分竞争的行政审批中介服务主要为建设工程施工图审图。

表3—2　　允许部分竞争的行政审批中介服务领域

允许部分竞争的行政审批中介服务领域			
序号	行政审批中介服务	行政审批中介性质	行政主管系统
1	建设工程施工图审图	转制企业	住建
2	人防工程施工图审图	转制企业	人防

资料来源：笔者自制。

允许部分竞争的领域虽然存在开放的、可供申请的资质管理体制，但行政主管部门一般对可以准入市场的行政审批中介实行总量控制或垂直管理，使得原则上开放的资质体制受到限制。从事建设工程施工图审图的行政审批中介其行政主管部门住房及城乡建设部对审图机构实行总量控制，省及以下审图机构数量及从业资格由政府制定。2013年4月，《房屋建筑和市政基础设施工程施工图设计文件审查管理办法》（住建部令第13号）第五条规定“省、自治区、直辖市人民政府住房城乡建设主管部门应当按照本办法规定的审查机构条件，结合本行政区域内的建设规模，确定相应数量的审查机构”。根据此部门规章，各省、直辖市、自治区有权决定辖区内审图机构的数量及资格。根据地方调研，有的省份在此基础上增加更多规定，省内各地市级审图机构原则上不跨区审图。这进一步限制了省内不同地市市场主体的流动性。由于省级层面实行总量控制，审图机构名额分配到区县乡一级通常比较有限，不少地方区县乡一级只有一家审图机构，在辖区内实际形成业务垄断。

三 开放竞争

开放竞争领域指对建设工程领域行政审批中介机构采取资质管理，资质向社会开放申请，政策规定上不实行总量控制。凡通过审查合资格者皆可获得相关资质，进入市场执业。建设工程领域开放市场存在两种情况：一是多家行政审批中介竞争，基本形成充分竞争局面；二是虽然市场开放，仍未形成多家行政审批中介自由竞争市场。

（一）开放市场中的充分竞争领域

开放市场的充分竞争领域中，行政主管部门对行政审批中介的资质持开放态度，凡符合相关资质要求的市场主体便可以申请获得市场准入资格，自由参与市场竞争。这些领域通常为多家市场主体竞争市场份额，区域市场内行政审批中介数量由市场机制调节。如表3—3所示，开放市场充分竞争领域中的行政审批中介主要为企业。

个别领域存在事业单位与企业同时存在的情况。比如测绘领域的三项行政审批中介服务都为事业单位与企业同时存在于市场中。测绘领域事业单位与企业同时存在的主要有两个原因。第一，二者可以获得市场中的不同业务份额。有测绘业务具有涉密的特殊性，国家测绘局、国家保密局联合发布的《测绘管理工作国家秘密范围》（国测办字〔2003〕17号）规定，“多张连续的、覆盖范围超过6平方千米的大于1∶5000的国家基本比例尺地形图及其数字化成果”属于保密范围。因此，测绘领域相当数量的业务不能由一般市场主体承担，而由各级测绘院承担。各级测绘院一般是全额拨款的事业单位，生存压力较小，政府财政力量有效保证了各级测绘院能够保持较为先进的技术水平，以承担政府大规模、高要求的测绘工作。建设工程领域所涉及的现状测绘，房产、宗地图测绘，以及规划放线等业务通常不属于涉密范畴，一般企业性质的行政审批中介可以承担。这部分市场份额事业单位性质的测绘院与企业性质的测绘公司都可以承担。不同于个别由“红顶中介”垄断的领域，由于事业单位性质的测绘院可以通过承担政府专项工作，财政全额拨款通常可以支持测绘院的生存与发展，测绘院无须与企业性质的测绘公司竞争民建建设工程的测绘市场。根据地方调研，有的地区的测绘院也参与普通民间工程测绘服务的市场竞争，但参与程度在总体上不足以挤压测绘公司获取市场份额。测绘业务的这一特殊性使得测绘行政审批中介服务领域同时存在事业单位与企业性质的测绘机构，但二者各自的市场总体上不重叠，民建项目测绘市场的竞争主体是测绘企业，可以将其视为自由竞争的开放市场。

表3—3　　开放市场中的充分竞争领域

开放市场中的充分竞争领域	
序号	行政审批中介服务
1	现状测绘（综合管线图）、房产、宗地图测绘
2	工程造价咨询
3	节能评估文件编制
4	建设工程勘察设计
5	建设工程监理
6	建设工程施工
7	规划设计
8	招标代理
9	防雷设施设计
10	防雷设施施工
11	除四害
12	档案资料整理

资料来源：笔者自制。

（二）开放市场中的非充分竞争领域

开放市场并不一定有充分竞争。如表3—4所示，建设工程领域中至少有17项行政审批中介领域属于此种情况。虽然这些领域中，行政审批中介的从业资质可以开放申请，相关规章制度并不存在总量控制的规定，也不存在以其他方式限制市场准入，但区域市场内只存在少量中介机构，并未实现充分竞争。多种原因导致了开放市场的非充分竞争局面。

表3—4　　　　　　　开放市场中的非充分竞争领域

开放市场非充分竞争领域	
序号	行政审批中介服务
1	水土保持方案编制
2	水土保持监测报告编制
3	水土保持设施竣工验收技术报告编制
4	人防工程施工
5	职业病防护设施设计
6	特种设备检测
7	环评文件编制
8	环保验收报告编制
9	职业病危害因素控制效果评价
10	职业病危害预评价
11	地质灾害治理工程勘察
12	工程检测
13	人防工程设计
14	地质灾害治理工程设计
15	地质灾害评估
16	地质灾害治理工程监理
17	地质灾害治理施工

资料来源：笔者自制。

1. 行政主管部门总量控制

部分中介服务领域，一定级别以上的从业资质很难获得。资质申请困难并非因为标准要求高，而是主管部门实行或变相实行总量控制。有些资质管理部门的部门意志强于资质标准，审批标准并非严格按照有关资质管理办法进行。这使得很多客观符合条件的申请机构不能获取资质。属于此种情况的中介领域包括："人防工程设计"、"人防工程施工"、改革前的"环境影响评价"（环评文件编制、环保验收报告）。

（1）人防工程设计

“人防工程设计”的资质较难获得，这主要并非资质标准要求高，更大程度上由于资质主管部门国家人防办发放资质主观性强，虽然人防工程设计机构存在资质管理体系，但主要实行机构数量总量控制。

由于人防工程，特别是结合地面建筑建设的工程（结建工程）同时归属建设系统管理。建设系统主管部门国家住房及城乡建设部对可从事人防工程的资质另有规定。按照建设部《工程设计资质标准》（建市〔2007〕86 号）[①] 及其附件《各行业建设项目设计规模划分表》，工程设计行业甲级资质可承担大型项目（四级及以上，即地下空间总建筑面积大于 10000 平方米）附建式人防工程设计，行业乙级资质可承担中型项目（五级及以下，即地下空间总建筑面积小于等于 10000 平方米）附建式人防工程设计。但工程设计资质单位不能承担单建式人防工程设计的单位，承担单建工程设计必须取得相应的人防工程专业设计资质。

根据国家人防办与住建部的不同规定，持国家人防办颁发的“人防工程设计资质”与住建部颁发的“工程设计专业资质”皆可从事一定级别的人防工程设计。人防资质上，由于国家人防办实质实行总量控制，不少区县辖区内并不存在人防工程设计的资质单位。根据地方调研，有的地方采取变通做法，认可持相近资质的机构从事人防工程设计业务。比如，有的地方要求获得“工程设计行业资质”甲级资质的可从事一定范围内的人防工程设计。对比工程设计行业资质甲级资质要求与人工工程设计乙级资质要求可发现，前者要求高于后者，理论上满足前者要求即满足后者，这也是地方政府变通资质申请难的主要理据。

---

① 具体规定为：建设工程设计范围包括建设用地规划许可证范围内的建筑物构筑物设计、室外工程设计、民用建筑修建的地下工程设计及住宅小区、工厂厂前区、工厂生活区、小区规划设计及单体设计等，以及所包含的相关专业的设计内容（总平面布置、竖向设计、各类管网管线设计、景观设计、室内外环境设计及建筑装饰、道路、消防、智能、安保、通信、防雷、人防、供配电、照明、废水治理、空调设施、抗震加固等）。同时还明确“取得建设工程专业设计资质可承担相应等级的附建式人防工程”。

表3—5　　“工程设计专业甲级资质”与“人防工程设计乙级资质”要求对比

资质要求对比		
对比项目	工程设计行业资质甲级资质	人防工程设计乙级资质
资历荣誉	15年及以上的工程设计资历	无要求
	独立承担过行业大型工程设计不少于3项，并已建成投产。其工程设计项目质量合格、效益好	
注册资本	不少于600万元人民币	不少于100万元人民币
技术力量	专职技术骨干不少于80人	无要求
	单位主要技术负责人（或总工程师）应是具有12年及以上的设计经历，且主持或参加过2项（主持至少1项）及以上大型项目工程设计的高级工程师	设计单位主要技术负责人或总工程师应当具有大学本科以上学历、10年以上设计经历，且主持过中型人防工程设计不少于3项，或大型人防工程设计不少于1项，具备注册执业资格或高级专业技术职称
	一级注册建筑师不少于2人	一级注册建筑师不少于1人
	一级注册工程师（结构）不少于4人	一级注册结构工程师均不少于1人
		注册防护建筑师1人
		注册防护结构工程师1人
		注册防护通信工程师1人

资料来源：笔者自制。

工程设计行业资质甲级资质在资历荣誉、注册资本和部分技术力量上都比人防工程设计乙级资质要求高；只有“技术力量”部分对各种防护专业技术力量的要求上，人防资质乙级要求低于工程设计甲级要求。根据地方调研，国家各军事院校基本设置了防化专业，此方面人才供给比较充足，获得资质的难度不高，基本不构成所谓的“高门槛”。因此，此领域资质申请难的主要原因并非行业准入要求高，而是主管部门的政策调节。

随着行政审批制度改革的推进，有地方已经探索突破建设工程领域人防工程设计资质改革，通过审批部门告知责任，企业承诺的方式简化行业准入程序。比如，2018 年 1 月国务院批复同意《上海进一步推进“证照分离”改革试点工作方案》，“对申请人防工程和其他人防防护设施设计乙级许可资质（含首次申请、延期、变更）、乙级和丙级人防工程监理资质（含首次申请、延期、变更）实行告知承诺”。[①] 这是对既有行政主管部门总量控制行业准入管理体制的突破性探索。

（2）人防工程施工

“人防工程施工”为业界习惯用语，实指人防工程设备的生产与安装。国家人防办并未对人防工程生产与安装机构实行总量控制。根据《人民防空工程防护设备生产安装行政许可资质管理办法》（国人防〔2013〕536 号），国家对人防工程防护设备生产安装许可资质的企业实行资质管理，并对注册资金、人员、设备、场地做出具体要求。由于资质不分级，统一由国家人防办审批发放，各省、市、直辖区主管部门只具初审权，实际执行收件职能。全国范围人防工程防护设备生产安装许可资质的企业数量有限。

2013 年 10 月 20 日，自《人民防空工程防护设备生产安装行政许可资质管理办法》颁布之日起，《人防工程防护设备定点生产企业管理规定》（国人防〔2009〕325 号）即行废止。对比两文件，《人民防空工程防护设备生产安装行政许可资质管理办法》对资质企业的注册资金、人员、设备、场地做出了十分清晰的量化规定，且要求较高，而 2009 年的《人防工程防护设备定点生产企业管理规定》，规定模糊，要求较低。此外，从两文件名称可以看出国家的规管思路有从“定点指定”向“资质管理”转移的趋势。但目前这种转移仅体现在文件表述上，实际操作与此前的“定点指定”尚未出现实质变化。

（3）环境影响评价

环境影响评价机构资质分为甲级和乙级。《建设项目环境影响评价资质管理办法》（国家环境保护总局令第 26 号）（以下简称《管理办法》）第四条规定，“取得甲级评价资质的评价机构（以下简称‘甲级评价机

① 《国务院关于上海市进一步推进“证照分离”改革试点工作方案的批复》，2018 年 2 月 11 日，中央人民政府门户网站（http：//www. gov. cn/zhengce/content/2018 - 02/11/content_5265811. htm）。

构’)，可以在资质证书规定的评价范围之内，承担各级环境保护行政主管部门负责审批的建设项目环境影响报告书和环境影响报告表的编制工作。取得乙级评价资质的评价机构（以下简称‘乙级评价机构’），可以在资质证书规定的评价范围之内，承担省级以下环境保护行政主管部门负责审批的环境影响报告书或环境影响报告表的编制工作”。《管理办法》第五条规定，“国家对甲级评价机构数量实行总量限制。国家环境保护总局根据建设项目环境影响评价业务的需求等情况确定不同时期的限制数量”。

2. 资质申请难

人防工程施工图审图存在可供申请的资质，但人防主管部门对各级人防系统实行垂直管理，各级审图机构资质由国家人防办公室负责审查发放，这是建设工程领域少有的由国家级行政主管部门负责发放全部行政审批中介资质的情况。这也表明人防领域的封闭性较强。

根据《人民防空工程施工图设计文件审查管理办法》（国人防〔2009〕282 号），凡符合要求的机构即可申请成为甲级或乙级人防工程施工图设计文件审查机构，也即人防工程施工图审图为开放市场，行业准入资质开放给市场主体申请，市场主体竞争应较为充分。但实际上，地方存在业务垄断情况。根据地方调研，有些地方能够获得资质的人防工程审图机构多为与行政主管部门联系紧密，或历史上有亲缘关系的转制企业。有些地方人防工程施工图审图机构由行政主管部门指定。区域内主体业务由转制企业承担。

3. 市场惯例

有的行政审批中介服务领域虽然开放市场，但市场绝大部分份额的业务被特定系统主要或被少数中介垄断，客观上导致市场开放程度低。在建设工程领域，特种设备检测和工程检测两项行政审批中介服务分别属于这两种情况。

（1）特种设备检测

由原国家质量监督检验检疫总局（以下简称“原国家质检总局”）主管的“特种设备检测”的开放程度较低，基本处于封闭市场的状态。与气象类行政审批中介服务不同，“特种设备检测”服务存在专有资质，凡符合标准的市场主体皆可向行政主管部门申请成为特种设备检测机构。

如前所述，原国家质检总局以及各省质检主管部门分别负责核准发放不同层级的特种设备检测机构核准证。然而，存在资质管理体制并不意味着该领域实际可以实现开放竞争。由于行政主管部门负责核准发放资质，资质管理体制对不同层级资质的规定和要求成为主管部门发放资质的参考。实际上，即便获取资质也并非意味着可以自由竞争市场份额。根据地方调研，现阶段各地建设工程特种设备检测多由作为事业单位的各级特种设备检测研究院承担。很多地方的特种设备检测研究院承担辖区内全部或超过90%的特种设备检测。

"特种设备检测"基本由各级特种设备检测研究院承担。中国特种设备检测研究院是国家质量监督检验检疫总局直属事业单位。地方省级特种设备检测研究院是属于省级质检行政主管部门的事业单位。省级以下特种设备检测研究院在管理方式上通常分为两种情况。有的省份将地级市及以下特种设备检测研究院整合为省级研究院的分院，并对人、财、物实行统一垂直管理。有的省份省以下各级特种设备检测研究院分别为各级质检主管部门直属事业单位，由各级质检主管部门进行属地管理。垂直管理体制使得特种设备检测领域比较封闭。由于该领域并非全部由中央自上而下垂直管理，少量类型的检测服务开放给特种设备检测研究院以外的市场主体。比如，特种设备无损检测开放给企业类行政审批中介承担，但总体上由作为事业单位的特种设备检测研究院承担。

（2）工程检测

有些地方的"工程检测"存在被少数行政审批中介机构垄断市场的局面。"工程检测"包括建筑、市政、交通和水利工程质量检测，属于开放领域，资质检测机构执业不存在地域限制，凡符合要求的企业皆可申请相关资质。

在资质申请要求上，2005年《建设工程质量检测管理办法》（建设部令第141号）附件二规定了专项检测机构和见证取样检测机构须满足的基本条件及附加条件。基本条件包括：专项检测机构的注册资本不少于100万元人民币，见证取样检测机构不少于80万元人民币；所申请检测资质对应的项目应通过计量认证；有质量检测、施工、监理或设计经历，并接受了相关检测技术培训的专业技术人员不少于10人；边远的县（区）的专业技术人员可不少于6人；有符合开展检测工作所需的仪器、设备和工作场所；其中，使用属于强制检定的计量器具，要经过计量检定合格后，方可使用；有健全的技术管理和质量保证体系。

除基本条件外，从事各项专业检测还需满足附加条件：地基基础工程检测，专业技术人员中从事工程桩检测工作3年以上并具有高级或者中级职称的不得少于4名，其中1人应当具备注册岩土工程师资格；主体结构工程检测类，专业技术人员中从事结构工程检测工作3年以上并具有高级或者中级职称的不得少于4名，其中1人应当具备二级注册结构工程师资格；建筑幕墙工程检测类，专业技术人员中从事建筑幕墙检测工作3年以上并具有高级或者中级职称的不得少于4名；钢结构工程检测类，专业技术人员中从事钢结构机械连接检测、钢网架结构变形检测工作3年以上并具有高级或者中级职称的不得少于4名，其中1人应当具备二级注册结构工程师资格；见证取样检测机构除应满足基本条件外，专业技术人员中从事检测工作3年以上并具有高级或者中级职称的不得少于3名；边远的县（区）可不少于2人。

从以上注册资金以及人员要求看，检测机构的资质标准并不高，有地方辖区内仅存少数机构执业，主要由于市场存在潜规则。各地政府对工程质量的监管部门一般为质量监督站。早期有些地方工程检测与质量监督合二为一，作为政府内设部门的行政职能。后期随着政府职能转变的推进，工程检测业务逐渐从政府职能部门剥离出去，成为单设机构，各地存在形式不同，有的工程检测机构以企业的形式存在，还有以民非形式存在的工程检测机构。

在业务结构上，建设工程领域工程检测业务主要分为政府委托与企业送检两部分业务，由于政府工程质量监管部门质监站与工程检测机构存在历史亲缘关系，仍受到政府信任，成为政府工程依靠的主要检测力量。有地方存在质监站的全部抽检检测业务委托检测中心检测。工程质量抽检结果是政府监管部门监管建设工程质量的主要依据信息，在抽检业务上，纯粹企业性质的检测机构很难有机会承担此类业务。

第二部分是企业送检业务，即建筑方按要求将施工材料送检测机构检测。根据地方调研，目前有些地方存在潜规则。企业送检到有官方背景的检测机构，通过概率相对较高。建设项目建筑材料质量直接关乎建筑结构的质量安全。在市场化检测机构日常监管效果不佳的情况下，为避免“一放就乱”的混乱局面，地方政府更加信赖与政府存在亲缘关系的检测机构的检测质量。这种业务倾斜造成了市场垄断，但在有力监管手段匮乏的情况下，政策性封闭市场成为地方政府的无奈之举，同时也是政府放开市场的现实障碍。

4. 实际业务量小

有些中介服务事项实施时间不长，实际业务量小，地方辖区内无相关中介或者数量很少。“实际业务量小”并非应有市场规模小。应有市场规模指严格执行国家有关要求情况下的市场规模。但有些要求并没有被严格执行，导致与之相关的中介服务业务量小，进而致使中介机构数量少。此类中介服务事项包括：“水土保持方案编制”“水土保持监测”“水土保持设施竣工验收技术报告”。

（1）水土保持方案编制

水土保持方面，国家法律、法规规定了水土保持方案应为环境影响报告书的前置审批条件。根据《中华人民共和国水土保持法实施条例》，水利部、国家计委、国家环境保护局联合发文《开发建设项目水土保持方案管理办法》（水利部、国家计委、国家环境保护局水保〔1994〕513号），其中第二条规定“在山区、丘陵区、风沙区修建铁路、公路、水工程、开办矿山企业、电力企业和其他大中型工业企业，其建设项目环境影响报告书中必须有水土保持方案”。此规定实际上确定了“水土保持方案”为“环境影响报告书”的前置审批事项。

虽然1991年的《中华人民共和国水土保持法》在除“山区、丘陵区、风沙区”外，没有明确要求在其他地域进行生产建设项目需要编制水土保持方案，但水利部部门规章对其他地域有进一步规定。1995年5月发布的《水土保持方案编报审批管理规定》（水利部令第5号）第二条规定“凡从事有可能造成水土流失的开发建设单位和个人，必须编报水土保持方案”。但此水利部令规定比较模糊，没有明确规定何种项目需要编制水土保持方案。

随着国家不断重视水土保持，逐渐明晰具体要求，各地开始逐渐完善地方水土保持政策。比如，2000年9月，广东省水利厅发布《关于发布全省水土流失重点防治区通告的通知》（粤水农〔2000〕23号），对省内水土保持区域进行划分，将省内划分为水土流失重点预防保护区、重点监督区和重点治理区，水土流失隐患依次递增。重点预防保护区以保护现有植被为重点，禁止乱开滥垦和对林木的无序采伐，同时做好局部水土流失的治理工作。重点监督区在做好局部地区水土流失治理的同时，重点做好监督管理工作，防止因修路、采石、房地产开发等生产建设活动造成新的水土流失。重点治理区的重点是做好水土流失的治理工作，改善生态环境和农业生产条件，同时做好水土保持监督和管护工作。

2005 年 7 月，水利部根据《水利部关于修改部分水利行政许可规章的决定》对 1995 年颁布的《开发建设项目水土保持方案编报审批管理规定》做出修改。2005 年的《开发建设项目水土保持方案编报审批管理规定》对何种项目需要编制水土保持方案做出明确规定。其中第四条规定："水土保持方案分为'水土保持方案报告书'和'水土保持方案报告表'。凡征占地面积在一公顷以上或者挖填土石方总量在 10000 立方米以上的开发建设项目，应当编报水土保持方案报告书；其他开发建设项目应当编报水土保持方案报告表。"

2010 年 12 月，第十一届全国人民代表大会常务委员会第十八次会议修订通过《中华人民共和国水土保持法》。第二十五条在原有"山区、丘陵区、风沙区"的基础上，增加了"容易发生水土流失的其他区域"，要求在容易发生水土流失的其他区域进行的生产建设项目，生产建设单位也须编制水土保持方案。

总体上水土保持方案编制数量成增加趋势。但由于该项行政审批中介服务与地理条件密切相关，业务量地区分布不均。同时，有些地区政策执行存在迟滞问题，市场发育速度较缓，导致辖区实际业务量较小。此外，审批流程的安排部分导致了水土保持方案编制服务实际业务量小。近年来，行政审批制度改革的主要内容之一是优化审批流程，比如将以前的"串联"审批改为"并联"审批。改革前，建设工程施工许可审批流程中，"水土保持方案"为"环境影响报告书"的前置审批事项。但具体落实上，环保部门负责审批"环境影响报告书"，有的地方存在环保部门对"水土保持方案"把关意愿不高，要求或有松懈的情况。

（2）水土保持监测

除水土保持方案编制外，有的地方"水土保持监测"的实际业务量也比较小。

《水土保持法》规定对可能造成严重水土流失的大中型生产建设项目进行水土保持监测。地方水行政主管部门多依据本地实际情况规范水土保持监测。比如，广东省对水土保持监测实行分类管理制度。广东省水利厅《开发建设项目水土保持监测管理规定》（粤水水保〔2010〕126号）第四条：“水土保持监测实行分类管理制度。征占地面积大于50公顷或挖填方土石方总量大于50万立方米的建设类项目，由建设单位委托有甲级水土保持监测资质的机构开展水土保持监测工作；征占地面积5—50公顷且挖填土石方5万—50万立方米的，由建设单位委托有乙级以上水土保持监测资质的机构开展水土保持监测工作；征占地面积小于5公顷或挖填方土石方总量小于5万立方米的，由建设单位自行安排水土保持监测工作。生产类项目以每年的征占地或挖、填土石方为依据，依照上述分类管理的规定执行。”

按此要求，应进行“水土保持监测”的项目数量并不少，但实际执行层面，有些地方缺乏对大量未进行监测项目的有效制约手段，加之水土保持监测管理起步较晚，致使有地方实际业务量较小。有关专业人才相对稀缺，较少机构符合资质标准要求。根据《生产建设项目水土保持监测资质管理办法》（水利部令〔2011〕第45号），从事生产建设项目水土保持监测活动的单位，应取得《生产建设项目水土保持监测资质证书》。在专业人才少，资质要求相对高的情况下，获得《生产建设项目水土保持监测资质证书》的资质机构数量很少。

（3）水土保持设施竣工验收技术报告

建设工程领域有关水土保持的中介服务中，“水土保持设施竣工验收技术报告”的业务量最小。水利部令规定唯有国家级项目才须进行技术评估。《开发建设项目水土保持设施验收管理办法》（水利部令〔2002〕第16号）第十条规定：“国务院水行政主管部门负责验收的开发建设项目，应当先进行技术评估。省级水行政主管部门负责验收的开发建设项目，可以根据具体情况参照前款规定执行。地、县级水行政主管部门负责验收的开发建设项目，可以直接进行竣工验收。”

（4）职业病防护设施设计

根据有关规定，只有少部分情况下，“职业病防护设施设计”是办理

"施工许可证"的前置条件。虽然有关规定要求所有存在职业病危险的项目都须修建防护设施，但实际上，建设方只会执行被规定为行政审批要件的要求。这导致"职业病防护设施设计"的实际业务量很小。

《中华人民共和国职业病防治法》第六十九条规定了职业病防护设施设计的原则，即"与主体工程同时设计，同时施工，同时投入生产和使用"。根据"三同时"原则，国家安全生产监督管理总局制定《建设项目职业卫生"三同时"监督管理暂行办法》，将"职业病危害预评价报告"作为办理"施工许可证"的前置审批要件。此办法于2012年6月1日起生效，第十五条规定，"建设单位未提交建设项目职业病危害预评价报告或者建设项目职业病危害预评价报告未经安全生产监督管理部门备案、审核同意的，有关部门不得批准该建设项目"。

目前国家对建设项目职业病危害实行分类管理，分为危害一般、危害较重和危害严重的项目。[①] 凡存在职业病危害的建设项目（三类危害程度），建设单位应当委托具有相应资质的设计单位编制职业病防护设施设计专篇。[②] 但只有"危害严重"项目的"职业病防护设施设计"是办理"施工许可证"的前置审批要件。《建设项目职业卫生"三同时"监督管理暂行办法》第二十一条规定："职业病危害严重的建设项目，其职业病防护设施设计未经审查同意的，建设单位不得进行施工，应当进行整改后重新申请审查。"

根据地方调研，实际操作上，很多建设单位在需要办理施工许可的最后关头，才委托资质单位进行职业病危害预评价。此时详细施工设计方案已经通过审查，即便预评价结论认为该项目存在职业病危害，需要进行职业病防护设施设计，建设单位也可忽略。因为"危害一般"以及"危害较重"项目的"职业病防护设施设计"并非办理施工许可的前置审批要件，建设单位只要提交职业病危害预评价报告即可获得施工许可证。按照《建设项目职业卫生"三同时"监督管理暂行办法》，凡存在职业病危害的项目皆须进行职业病防护设施建设，但只要求由建设单位自行组

① 国家安全生产监督管理总局：《建设项目职业卫生"三同时"监督管理暂行办法》，2012年4月27日，第六条。

② 同上书，第十六条。

织竣工验收，将验收情况报安全生产监督管理部门备案。[①] 所以，除“危害严重”项目，“危害一般”和“危害较重”的项目，建设单位主动委托资质机构进行“职业病防护设施设计”的动力较弱。

在“职业病防护设施设计”实际业务很少的情况下，国家于部分省份启动了该领域行政审批制度改革。比如在广东省，2013 年“职业病危害预评价”作为“施工许可”的审批前置要求被取消。《国务院关于执行〈全国人民代表大会常务委员会关于授权国务院在广东省暂时调整部分法律规定的行政审批的决定〉》（粤府函〔2013〕35 号）规定，暂停把“建设项目职业病危害预评价报告审核”作为核发《建设工程施工许可证》的审批要件。这导致即便不委托资质单位进行“预评价”，建设单位依旧可以获得“施工许可”。在不进行“预评价”的情况下，则难以得知建设项目是否存在职业病危害因素，是否属于需要审批的“危害严重”项目范围。这使得部分地区职业病防护暴露在真空中，建设单位可以对职业病防护不作为有可能不受有效制约。

（5）有关“地质灾害治理”类行政审批中介服务

再如“地质灾害治理”类行政审批中介服务。地质灾害治理系列行政审批中介服务共 5 项，包括：地质灾害危险性评估、地质灾害治理工程勘察、地质灾害治理工程设计、地质灾害治理施工、地质灾害治理工程监理。地质灾害危险性评估是进行其他几项中介服务的前提条件。对于无地质灾害危险的工程，则不涉及工程勘察、设计、施工、聘请监理等后续环节。

地质灾害危险性评估，是指在地质灾害易发区内进行工程建设和编制城市总体规划、村庄和集镇规划时，对建设工程和规划区遭受山体崩塌、滑坡、泥石流、地面塌陷、地裂缝、地面沉降等地质灾害的可能性和工程建设中、建设后引发地质灾害的可能性做出评估，提出具体预防治理措施的活动。[②]

地质灾害危险性评估原为企业投资项目核准要件。《地质灾害防治条

① 国家安全生产监督管理总局：《建设项目职业卫生“三同时”监督管理暂行办法》，2012 年 4 月 27 日，第六条。

② 国土资源部：《地质灾害危险性评估单位资质管理办法》，2005 年 5 月 20 日。

例》(中华人民共和国国务院令第394号)第二十一条规定“在地质灾害易发区内进行工程建设应当在可行性研究阶段进行地质灾害危险性评估,并将评估结果作为可行性研究报告的组成部分;可行性研究报告未包含地质灾害危险性评估结果的,不得批准其可行性研究报告”。也即,不进行“地质灾害危险性评估”的项目不予以通过项目核准。

由于此项行政审批中介服务与地质条件紧密相关,处于地质灾害易发区以外的工程不需要进行地质灾害危险性评估。这是该项中介服务总体业务量较小的主要原因之一。有的地方虽然辖区主要面积属于地质灾害易发区,但地方改革探索将此项中介服务由项目核准改为备案,实际等同取消了该项中介服务作为行政审批中介服务。比如,2013年广东省启动企业投资管理体制改革,省管权限内项目核准改为备案制。“地质灾害评估”不再为行政审批事项前置项目。

5. 行业市场前景不明朗

有的行政审批中介服务领域属政策敏感行业,市场前景不明朗,因此虽然其资质开放申请,不存在潜在限制规则,仍匮乏市场竞争。比如由各地疾病预防控制中心提供的职业卫生评价类服务,卫生部对职业卫生技术服务机构有具体资质要求。中国公共卫生事业起步晚,专业技术人才少,卫生部在人员方面对职业卫生技术服务机构的资质要求有可能另一些机构无法获得从业资格。

资质要求高并非首要原因。职业卫生评价是一项政策性较强的工作,市场资源量与政府对相关法规执行力度有很大关系,不同时期,不同地域执行的情况差异很大,行业发展前景不明朗,影响了专业技术人员,特别是高级人才进入行业的信心。

第三节 价格规制:收费管理

行政审批中介服务属于收费性服务,委托者向被委托者收取一定费用。行政审批中介服务价格分为政府定价与市场定价两种方式。对于政府定价的商品和服务范围,《中华人民共和国价格法》规定,对于与国民经济发展和人民生活关系重大的极少数商品价格、资源稀缺的少数商品价格、自然垄断经营的商品价格、重要的公用事业价格、重要的公益性服务价格，政府在必要时可以实行政府指导价或者政府定价。[①]

对于政府定价权和适用范围，《中华人民共和国价格法》规定，“以中央的和地方的定价目录为依据。中央定价目录由国务院价格主管部门制定、修订，报国务院批准后公布。地方定价目录由省、自治区、直辖市人民政府价格主管部门按照中央定价目录规定的定价权限和具体适用范围制定，经本级人民政府审核同意，报国务院价格主管部门审定后公布。省、自治区、直辖市人民政府以下各级地方人民政府不得制定定价目录”。[②]

在中国和地方定价目录范围内，国务院价格和其他有关部门、省、自治区、直辖市人民政府价格主管部门和其他有关部门，分别根据中央和地方定价目录，制定适用于本地区的政府指导价、政府定价。在省、自治区、直辖市授权下，市、县政府可根据地方定价目录及要求制定本地区政府定价和指导价。[③]

根据《中华人民共和国价格法》的有关规定，1999 年 12 月国家计委、国家经贸委、财政部、监察部、审计署、国务院纠风办联合发布了《关于印发〈中介服务收费管理办法〉的通知》（计价格〔1999〕2255 号）（以下简称《通知》）。《通知》将中介机构定义为“依法通过专业知识和技术服务，向委托人提供公证性、代理性、信息技术服务性等中介服务的机构”。其中将中介机构分为公证性、代理性、信息技术服务性三类。行政审批中介机构大多对应代理性、信息技术服务性中介机构。[④]

在中介服务定价原则上，法律、法规有相关规定的从其规定。此外，《通知》根据中介服务业务的市场竞争程度规定了三种情况。对于具备市场充分竞争条件的中介服务收费实行市场调节价。此类中介服务主要包括咨询、拍卖、职业介绍、婚姻介绍、广告设计等。对于市场竞争不充分或服务双方达不到平等、公开服务条件的中介服务收费实行政府指导

---

① 全国人民代表大会常务委员会：《中华人民共和国价格法》，1997 年 12 月 29 日，第三章第十八条。

② 同上书，第三章第十九条。

③ 同上书，第三章第二十条。

④ 国家计委、国家经贸委、财政部、监察部、审计署、国务院纠风办：《中介服务收费管理办法》，1999 年 12 月 22 日，第三条。

价。此类中介服务主要包括评估、代理、认证、招标服务收费等。对于少数具有行业和技术垄断的中介服务收费实行政府定价。此类中介服务主要包括检验、鉴定、公证、仲裁收费等。①

在政府制定收费标准的基础上，国务院价格主管部门主要负责政策制定。《通知》规定，"国务院价格主管部门负责研究制定中介服务收费管理的方针政策、收费标准核定的原则，以及制定和调整重要的政府定价或政府指导价的中介服务收费标准。"② 省、自治区、直辖市人民政府价格主管部门负责政策执行，制定具体政府定价、指导价的价格标准。③

《通知》根据市场竞争程度对中介服务定价进行分类，并未阐释不同中介服务市场竞争程度不同的原因。建设工程领域不同行政审批中介服务市场竞争程度不同，这主要由政策原因导致。行政主管部门利用资质管理制度调控不同领域行政审批中介机构的市场主体数量，这直接影响各领域的市场竞争程度。依市场竞争程度，2015 年改革前的建设工程领域行政审批中介服务主要分为封闭领域与开放领域两类。封闭领域指具体领域内中介服务市场实际由行政主管部门制定，或由少数事业单位等与行政主管部门关系密切的机构垄断。一般市场主体难以获得行业准入。开放领域指一般市场主体可通过正常途径获得行业准入，提供中介服务，参与市场竞争。价格规制上，封闭领域一般为政府定价、政府指导价。开放领域多为市场调节价。

一　封闭领域

2015 年改革前，建设工程行政审批中介服务存在少量服务属封闭领域。封闭领域中的行政审批中介机构多为事业单位、转制企业。国家对这两部分行政审批中介机构的价格规制经历了一定程度的制度变迁。

---

① 国家计委、国家经贸委、财政部、监察部、审计署、国务院纠风办：《中介服务收费管理办法》，1999 年 12 月 22 日，第六条。

② 同上书，第七条。

③ 同上书，第八条。

伴随着事业单位改革，国家对事业单位性质的行政审批中介的价格规制也发生了变化。如前所述，1999 年 12 月，国家计委、国家经贸委、财政部、监察部、审计署、国务院纠风办颁布《关于印发〈中介服务收费管理办法〉的通知》（计价格〔1999〕2255 号），规定为规范行政事业性收费管理，决定将部分行政事业性收费转为经营服务性收费。2001 年 12 月，国家财政部、国家发展计划委员会联合发布《财政部国家计委关于部分行政事业性收费转为经营服务性收费（价格）的通知》（财综〔2001〕94 号）。文件指出“随着社会主义市场经济的发展，过去由国家计委（原国家物价局）、财政部批准的行政事业性收费项目，有一部分不再具有政府公共管理和公共服务性质，体现出明显的市场经营服务特征。”2015 年改革前气象部门主管的 3 项中介服务“防雷装置检测”“雷电灾害风险评估”“防雷装置设计技术评价报告编制”，住建部门主管的部分地区的“建设工程施工图审图”，质检系统主管的“特种设备检测”等行政审批服务属于此种类型。

在收费标准的执行上，封闭领域行政审批中介收费执行物价部门制定的收费标准比较到位。这主要在于事业单位的财政管理制度。“收支两条线”是一种收缴分离的财务管理制度，是指具执收执罚职能的单位，将行政事业性收费、与罚没收入上缴国库或财政专户，纳入财政预算管理；同时人员经费、日常办公经费等由财政部门另行拨付。封闭领域中行政审批中介以实行“收支两条线”制度的事业单位为主。收缴分离使得这些事业单位性质的行政审批中介依靠财政供给，基本不存在生存压力。此外，收缴分离消除了行政事业单位通过收费、罚没的营利动机。当然，2015 年改革前，虽然事业单位性质的行政审批中介实行“收支两条线”，但根据地方调研，有的地方存在行政审批中介成为行政主管部门的主要财政来源，事业单位性质的行政审批中介存在营利动机，存在抬价、砍价等并非执行物价部门定价标准的情况。

二　开放领域

2015 年改革前，建设工程领域大部分行政审批中介服务处于开放领域。开放领域存在不同程度的市场竞争。在竞争中形成的实际收费与物价部门制定的收费标准存在差距。开放领域的总体情况是实际收费低于物价主管部门制定的收费标准，部分领域出现恶性竞争、压价的现象。个别开放领域，属地行政主管部门采取较好的管理措施，对价格标准的执行比较到位。但由于不同开放领域的市场结构不同，收费的形成机制各不相同。总体上，开放领域在地方可归纳为以下三种情况。

（一）自负盈亏的转制单位与企业混合竞争领域

在对政府定价标准的执行上，转制单位通常存在一定程度的执行偏差。开放领域的市场竞争者比较多元，既包括企业，也包括与政府关系密切的转制单位。与事业单位或实行“收支两条线”的转制单位不同，转制单位指由政府内设机构、事业单位、国企等转制为私营企业的单位。依不同情况，转制企业的业务来源分为行政部门与市场。转制单位在财政上自负盈亏。对于收入来源为市场业务的转制企业，虽然有可能受到与之有亲缘关系行政主管部门的政策或业务倾斜，但面临来自市场竞争的压力，因此在中介收费价格上受到市场竞争的影响。

与事业单位性质的行政审批中介不同，转制单位通常在执行物价主管部门制定的价格标准上存在一定弹性。在有些地方，转制单位因其与行政主管部门的紧密关系与业务联系，会在一定程度上遵从政府定价的约束。但因为同时存在市场竞争，即便转制单位有行政主管部门的业务照顾作为支撑，如凭借业务照顾收取过高费用，仍会出现业务流失。在有些地方虽然存在政府定价，但市场在长年运作用形成实际的价格标准。当实际的市场定价与政府定价标准不一致，行政审批中介需要同时顾及两种价格标准时，行政审批中介的收费机制就会发生扭曲。有的地方某些行政审批中介服务竞争激烈，出现政府标准高于市场定价标准的情况。这使得有的转制单位一方面要考虑执行政府定价，一方面又迫于市场竞争压力，通过提请行政主管部门批准的方式，执行低于政府定价的实际收费标准。

由于政府定价存在滞后性，不能敏锐地感知市场的变动情况，而各级物价主管部门都存在针对同一项行政审批中介服务的政府定价，且收费标准早年制定后多年不变。根据地方调研，有的地方省级收费标准与省内各地实际情况差距比较明显。比较常见的变通做法为，各市制定低于省级标准的收费标准，市内各辖区在一定比例上执行低于市级标准的收费标准。

（二）价格执行监管较严的竞争领域

价格执行监管较严的企业竞争领域是指业务主管部门对领域内行政审批中介服务收费的规制比较严格，行政审批中介收费对执行政府定价标准比较到位。

对于政府定价低于市场水平的行政审批中介服务领域，对价格执行监管反倒意味着行政审批中介机构利润可能过低。根据地方调研，例如在测绘领域，有的地区测绘企业与事业单位性质的测绘院共存。基于测绘领域的特殊性，事业单位性质的测绘院业务与经费比较充足，与辖区内测绘企业不构成直接竞争关系，且辖区内资质测绘企业数量较少，行政主管部门对政府定价执行较为严格。但通常出现的情况是，有些地方执行的是国家层面比较久远的收费标准，甚至有些地方的执行标准大幅低于市场价格，导致辖区内测绘业务利润过低。

（三）价格执行监管较松散的竞争领域

相对于价格执行监管较严领域，价格执行监管较松散的竞争领域指业务主管部门对领域内行政审批中介服务收费的规制比较松散，并不严格执行政府定价。此种情况的市场容易走向另一个极端：恶性竞争。

政府监管较弱的竞争领域，特别是以企业为主的自由或接近自由竞争的领域，行政审批中介机构恶性竞争的情况比较常见。虽然这些领域存在收费标准，但由于主管部门监管较弱，市场上行政审批中介机构的实际收费标准与政府定价差距较大。市场的实际收费为各行政审批中介机构自由竞争的结果。出现恶性竞争的领域指行政审批中介机构为获得市场份额，低价提供服务，引起市场主体相互压价，出现服务价格远低于成本价的非良性竞争局面。地方调研显示，相当数量的开放领域存在恶性压价现象。

2015 年改革前，部分地区“建设工程施工图审图”尚未开放市场，主要由事业单位性质的审图机构提供服务。有地方探索开放审图服务，但由于应有的监管措施与制度尚未健全，辖区内市场出现“一放就乱”的局面。市场短时间内出现数十家审图机构，通过恶性压价抢占市场，降低审图质量，甚至存在审图机构为降低成本，不进行技术审查，直接出具审图报告的情况。2013 年，国务院业务主管部门住房和城乡建设部加强对地方审图机构的监管，规定各省、自治区、直辖市实行辖区内总量控制，“结合本行政区域内的建设规模，确定相应数量的审查机构”。[①]各地重新开始限制审图市场的开放程度，并通过限制市场准入的方式规管审图价格。

（四）行政审批中介机构改革启动后的价格规制

2015年4月，国务院启动行政审批改革，明确指出行政审批中介存在“收费乱、垄断性强”等问题，要求国务院各部委、各直属机构规范中介服务收费。“对于市场发育成熟、价格形成机制健全、竞争充分规范的中介服务事项，一律通过市场调节价格；对于垄断性较强，短期内无法形成充分竞争的，实行政府定价管理，同时深入推进中介服务收费改革，最大限度地缩小政府定价范围。事业单位提供中介服务的，纳入行政事业性收费管理。审批部门在审批过程中委托开展的技术性服务活动，必须通过竞争方式选择服务机构，服务费用一律由审批部门支付并纳入部门预算。严禁通过分解收费项目、重复收取费用、扩大收费范围、减少服务内容等变相提高收费标准，严禁相互串通、操纵中介服务市场价格。”[②] 国务院同时要求各级地方人民政府基于本地情况，研究制定清理规范本地区行政审批中介服务的具体措施并组织实施。

2015年10月，国家发展改革委、财政部、国务院审改办联合下发通知，推动行政审批中介收费市场化改革。根据《通知》，“行政审批中介服务收费实行以市场调节价为主、政府定价为辅。对于绝大多数市场发育成熟、价格形成机制健全、竞争充分规范的行政审批中介服务，一律通过市场调节价格，充分发挥市场配置资源的决定性作用，政府不进行不当干预。”[③]

“行政审批部门能够通过征求相关部门意见、加强事中事后监管解决

① 住房城乡建设部：《房屋建筑和市政基础设施工程施工图设计文件审查管理办法》，2013年4月27日（http：//zjt. hainan. gov. cn/info/1342/34701. htm）。

② 国务院办公厅：《关于清理规范国务院部门行政审批中介服务的通知》，2015年4月29日（www. gov. cn/zhengce/content/2015－04/29/content_9677. htm）。

③ 《发展改革委等部门下发通知部署加强行政审批中介服务收费监管》，2015年10月27日，中央人民政府门户网站（http：//www. gov. cn/xinwen/2015－10/27/content_2954152. htm）。

以及申请人可按要求自行完成的事项，一律不得设定中介服务并收费；现有或已取消的行政审批事项，一律不得转为中介服务并收费；严禁通过分解收费项目、重复收取费用、扩大收费范围、减少服务内容等变相提高收费标准，严禁相互串通、操纵中介服务市场价格。”①

① 《发展改革委等部门下发通知部署加强行政审批中介服务收费监管》，2015 年 10 月 27 日，中央人民政府门户网站（http：//www. gov. cn/xinwen/2015 - 10/27/content_2954152. htm）。

第四章

各级行政主管部门规制权力分配机制

各级行政主管部门在建设工程领域的规制行政审批中介上扮演重要角色，包括国家级、省级、市级、区县级行政主管部门。各级行政审批部门的规制权限存在显著区别。主要规制权力包括资质管理权和日常管理权。资质管理权包括行政审批中介机构从业资质的发放权、定期审核权以及资质处罚权。日常管理权主要包括对行政审批中介机构日常从业行为的监督管理及处罚。

在与国家级及省级主管部门的关系上，行政审批中介机构主要单向、被动接受管理。中介机构与基层主管部门关系上呈现出复杂局面，不仅接受属地行政主管部门的规制，有的行政审批中介机构还与行政主管部门达成合作关系，协助政府监管市场、为政府提供技术力量支持；有的甚至成为主管部门的主要财政来源。

第一节　各级行政主管部门[①]

按照2018年国院机构改革前的部门测算，建设工程领域各项行审批中介服务涉及11个国家级行政主管部门。国家主管部门层面，住建部是建设工程领域的主管大部，涉及9项行政审批中介服务。其次是原国土资源部，涉及6项中介服务。再次是中国气象局，涉及5项中介服务。接

① 此处并用2018年国务院机构改革前后的部门名称。

下来的主管部门分别主管1—3项中介服务，由多至少排序依次为：国家人民防空办公室（3项），水利部（3项），国家爱卫办（2项），原环保部（2项），原卫计委（2项），原国家质检总局（1项），国家档案局（1项），国家发改委（1项）。

从国家层面“自上而下”的11个主管系统中，气象、人防两个主管系统为垂直管理。其他9个管理系统为属地管理，上级主管部门主要进行业务指导。在监管方面，垂直管理系统的属地主管部门须严格依照上级主管部门的要求。属地管理系统，属地主管部门的操作空间相对较大。

表4—1　　各级行政主管部门①

各级行政主管部门						
序号	行政审批中介服务	最高行政主管部门	省级行政主管部门	市级行政主管部门	区/县级行政主管部门②	事项数量
1	职业病防护设施设计	住建部	省住建厅	市住建系统	区/县住建系统	9
2	工程造价咨询	住建部	省住建厅	市住建系统	区/县住建系统	
3	建设工程勘察、设计	住建部	省住建厅	市住建系统	区/县住建系统	
4	建设工程监理	住建部	省住建厅	市住建系统	区/县住建系统	
5	建设工程施工	住建部	省住建厅	市住建系统	区/县住建系统	
6	招标代理	住建部	省住建厅	市住建系统	区/县住建系统	
7	建设工程施工图审图	住建部	省住建厅	市住建系统	区/县住建系统	
8	工程检测	住建部	省住建厅	市住建系统	区/县住建系统	
9	规划设计	住建部	省住建厅	市住建系统	区/县住建系统	
10	地质灾害评估	原国土资源部，现自然资源部	省国土厅	市国土局	区/县国土系统	6
11	地质灾害治理工程勘察	原国土资源部，现自然资源部	省国土厅	市国土局	区/县国土系统	
12	地质灾害治理工程设计	原国土资源部，现自然资源部	省国土厅	市国土局	区/县国土系统	

① 此处并用2018年国务院机构改革前后的部门名称。

② 由于基层探索政府机构改革，各地主管部门情况不一，此处对于基层地区差异较大的主管统称为“系统”。

续表

序号	行政审批中介服务	各级行政主管部门				事项数量
		最高行政主管部门	省级行政主管部门	市级行政主管部门	区/县级行政主管部门	
13	地质灾害治理施工	原国土资源部，现自然资源部	省国土厅	市国土局	区/县国土系统	6
14	地质灾害治理工程监理	原国土资源部，现自然资源部	省国土厅	市国土局	区/县国土系统	
15	现状测绘（综合管线图）、房产、宗地图测绘	原国土资源部，现自然资源部	省国土厅	市国土局	区/县国土系统	
16	规划放线	原国土资源部，现自然资源部	省国土厅	市国土局	区/县国土系统	
17	防雷设施施工	中国气象局	省气象局	市气象局	区/县气象系统	5
18	防雷装置检测报告编制	中国气象局	省气象局	市气象局	区/县气象系统	
19	防雷装置设计	中国气象局	省气象局	市气象局	区/县气象系统	
20	雷电灾害风险评估	中国气象局	省气象局	市气象局	区/县气象系统	
21	防雷装置设计技术评价报告编制	中国气象局	省气象局	市气象局	区/县气象系统	
22	人防工程设计	国家人民防空办公室	省人防办	市人防办	区/县人防系统	3
23	人防工程施工图审图	国家人民防空办公室	省人防办	市人防办	区/县人防系统	
24	人防工程施工（设备生产及安装）	国家人民防空办公室	省人防办	市人防办	区/县人防系统	
25	水土保持监测报告编制	水利部	省水利厅	市水利系统	区/县水利系统	3
26	水土保持方案编制	水利部	省水利厅	市水利系统	区/县水利系统	
27	水土保持设施竣工验收技术报告编制	水利部	省水利厅	市水利系统	区/县水利系统	
28	环评文件编制	原国家环保部，现生态环境部	省环保厅	市环保系统	区/县环保系统	2
29	环保验收报告编制	原国家环保部，现生态环境部	省环保厅	市环保系统	区/县环保系统	

续表

序号	行政审批中介服务	各级行政主管部门				事项数量
		最高行政主管部门	省级行政主管部门	市级行政主管部门	区/县级行政主管部门	
30	职业病危害因素控制效果评价	原国家卫计委，现国家卫生健康委员会	省卫生厅	市卫计委	区/县卫计局	2
31	职业病危害预评价	原国家卫计委，现国家卫生健康委员会	省卫生厅	市卫计委	区/县卫计局	
32	除四害	国家爱卫办	省爱卫办	市爱卫办	区/县爱卫办	1
33	特种设备检测	原国家质检总局，现国家市场监督管理总局	省质检局	市质检系统	区/县质检系统	1
34	档案资料整理	国家档案局	省档案局	市档案系统	区/县档案系统	1
35	节能评估文件编制	国家发改委	省发改委	市发改委	区/县发改系统	1
36	专家评审	不适用	不适用	不适用	不适用	多项

资料来源：笔者自制。

第二节　各级行政主管部门与行政审批中介机构的关系

一　国家级行政主管部门与行政审批中介机构的关系

中国现有行业管理体制由行政主管部门主导、自上而下推行。国家层面的行政管理部门主要指国务院主管部门。[①] 国务院统筹全国范围行业发展，对具体行业行使最高管理权，以行政法规及部门规章的形式出台各项管理条例及办法，引导行业发展方向。国务院主管部门还通过参与

① 气象系统的国家级行政主管部门为中国气象局。中国气象局是国务院直属事业单位。爱国卫生运动委员会是各级政府的议事协调机构。中央爱卫会接受党中央、国务院的领导。各级爱卫会的常设机构是爱国卫生运动委员会办公室。除此之外，建设工程领域行政审批中介服务的国家级业务主管单位基本为国务院组成部门。

管理资质的方式参与行业管理。地方政府须以上述法规、规章为准绳。建设工程领域，国务院主管部门对行政审批中介机构的规制作用主要体现在：(1) 设立与取消行政审批中介服务；(2) 管理行政审批中介机构行业准入资质。

(一) 设立与取消行政审批中介服务

行政审批中介服务事项的设立权由国家级主管部门行使。以往经验显示，国家主管部门一般通过危机管理与吸取境外经验相结合的模式管理并主导该服务领域的发展方向。

“以下以‘建设工程施工图审图’为例，讨论此事项的设置过程。20世纪90年代末，全国勘察设计市场放开之后，各地多发工程质量事故，特别是1999年1月4日重庆綦江彩虹桥整体坍塌等特大工程质量事故，”[①] 暴露出由于缺少政府对勘察设计等环节的监管，工程质量存在较大隐患，各级政府及其建设主管部门认识到从勘察设计这一源头上对工程质量进行监控十分必要。其间建设部多次进行境外调研，吸取他国及地区先进经验。基于施工图审查在许多发达国家及地区已成惯例，国家决定开始推行建筑施工图审查制度。

1997年12月起，中国首先在部分城市进行施工图审查试点。建设部以上海、武汉、合肥、苏州等城市为试点，开始摸索施工图审查的运行机制和操作规程。

2000年1月30日和9月25日，国务院分别发布《建设工程质量管理条例》(国务院令第279号) 和《建设工程勘察设计管理条例》(国务院令第293号)，通过行政立法手段，设立了施工图审查制度。

2000年2月27日，建设部颁发《建设工程施工图设计文件审查暂行办法》，开始对房屋建设工程施工图实施由行政主管部门委托施工图审查机构进行审查。

2004年5月19日，国务院颁发《关于第三批取消和调整行政审批项目的决定》(国发［2004］16号)，同年8月23日建设部颁发《房屋建筑和市政基础设施工程施工图设计文件审查管理办法》(建设部［2004］

① 《10大“著名”豆腐渣工程大桥》，2017年5月27日，搜狐新闻 (http: //www. sohu. com/a/144029289_577567)。

134 号)，继房屋建设工程推行施工图审查后，又进一步推行市政基础设施工程施工图审查，并改变了原来的审查方式，即由原来建设行政主管部门审批，改为由建设单位自行委托施工图审查机构进行审查并直接出具审查合格书的方式。

2013 年 4 月 27 日，住房和城乡建设部发布《房屋建筑和市政基础设施工程施工图设计文件审查管理办法》(住建部 [2013] 13 号)，进一步明确了审图机构的非营利性质，规定审查机构是专门从事施工图审查业务，不以营利为目的的独立法人。

(二) 行政审批中介机构资质许可

中国建设工程领域资质分为单位资质和个人资质，此处资质指单位资质及中介机构的从业资质，而非各种专业人士的技术资格。绝大部分单位资质由国务院主管部门管理，不同等级的资质可能由不同层次的主管部门负责。各种资质的管理办法对注册资本、场所面积、从业经验、技术力量等都有具体要求。

国务院主管部门通过出台管理办法及审批发放最高级别资质，实现对单位资质的管控。各种资质管理办法主要内容包括："总则""资质等级和业务范围""申请和审批""监督管理以及法律责任"。"资质等级和业务范围" 主要规定该单位资质的等级，以及不同等级允许从事的业务范围。通常来讲，甲级资质的业务范围不受限制，其他级别随着等级降低，所允许从事的业务范围逐渐收紧。"申请和审批" 规定了申请程序以及不同层级主管部门对不同级别资质审批权限。"监督管理以及法律责任" 通常规定属地主管部门的监督管理、处罚权限及法律责任。

建设工程领域，中国单位资质管理体制分为三种，一为国务院主管部门一级管理体制；二为国务院主管部门及省、自治区、直辖市主管部门二级管理体制；三为省、自治区、直辖市及设区的市行政主管部门二级管理体制。其中，第二种为绝大部分单位资质的管理体制。在国务院主管部门一级管理体制下，个别单位资质的所有等级均须向国务院主管部门提出申请，省、自治区、直辖市主管部门只负责初审及材料报送。比如"特种设备检测检验"，原国家质检总局《特种设备检验检测机构管理规定》规定，原国家质检总局受理申请并审批资质，省级质量技术监督部门只具备初审权。二级管理体制下，单位资质一般分为甲、乙、丙等若干等级。国务院主管部门审批管理最高级别资质，一般为甲级资质。[①] 申请者须向省、自治区、直辖市主管部门提出申请。省、自治区、直辖市主管部门在规定时间内完成初审意见，连同申请材料报国务院主管部门审批。省、自治区、直辖市主管部门一级管理体制下，此级行政主管部门审批管理相关资质全部等级。

二 省级行政主管部门与行政审批中介机构的关系

（一）省级行政主管部门权限内资质

省、自治区、直辖市的资质审批权由国务院主管部门以部门规章的形式赋予。省级主管部门通过管理权限内单位资质，对建设工程领域中介进行管理。省级管理权限主要体现在以下几个方面。

第一，只负责资质初审。对于大部分行政审批中介机构的从业资质，省级主管部门只负责初审。在国务院主管部门一级管理体制下，省、自治区、直辖市主管部门只负责资质初审及材料报送，不具备资质审批权对。详情见上述“国务院主管部门及省、自治区、直辖市主管部门二级管理体制”有关论述。

第二，资质终审。对于少数行政审批中介行业从业资质，省、自治区、直辖市主管部门享有国务院主管部门规章赋予的资质终审权。建设工程领域，个别行政审批中介资质属于此种情况。如“工程检测”，建设部令第141号《建设工程质量检测管理办法》规定省、自治区、直辖市建设主管部门受理资质申请，并对申报材料进行审查，对符合资质标准的申请者颁发《检测机构资质证书》，并报国务院建设主管部门备案。

第三，分级审理。分级审理既可以指国务院主管部门与省、自治区、直辖市行政主管部门形成的二级管理体制，也可以指省、自治区、直辖市行政主管部门与市级主管部门的二级管理体制。

在国务院主管部门及省、自治区、直辖市主管部门二级管理体制下，省、自治区、直辖市行政主管部门负责审批较低等级的资质。国务院主管部门管理之外的其他级别资质由省、自治区、直辖市人民行政主管机构管理。申请者须向此级行政主管部门提出申请。省、自治区、直辖市

---

① 个别领域，国务院管控甲级及乙级，或最重要的若干资质等级。

人民行政主管部门同时负责较高等级资质的初审及资料报送。

在省、自治区、直辖市及设区的市二级管理体制下，省行政主管部门管理相关资质的最高等级，其他等级由设区的市管理。比如建设工程领域各项行政审批中介服务中，“防雷装置设计”属于此种情况。根据《防雷工程专业资质管理办法》（中国气象局令第22号），“申请甲级资质的单位，应当向企业注册所在地的省、自治区、直辖市气象主管机构提出申请；申请乙、丙级资质的单位，应当向企业注册所在地的设区的市级气象主管机构提出申请”。省、自治区、直辖市以下政府不具备资质管控权。

（二）人事、财务管理

在建设工程个别行政审批中介领域，行政主管部门管理行政审批中介的人事和财务。比如“特种设备检测”服务在各地由事业单位性质的特种设备检测研究院（以下简称“特检院”）提供。各地特检院为所属省级特种设备检测研究院的直属事业单位，接受省级特检院的垂直管理。根据地方调研，比如有的省，在人事管理上，省级特检院任命省级以下特种设备检测研究院院长。在财务管理上，省级特检院管理省以下特检院财务，独立于区财政，实行“收支两条线”，全部纳入省财政厅，年度支出按预算由省财政部门另行拨付。

三　属地行政主管部门与行政审批中介机构的关系

在建设工程领域，行政审批中介机构与属地行政主管部门的关系比较复杂。行政审批中介机构既是属地行政主管部门的监管对象，同时又协助政府进行监管，完成政府交付的任务，有的行政审批中介机构还是主管部门重要的财政来源。

（一）行政审批中介机构接受行政主管部门日常监管

在建设工程领域，虽然绝大多数行政审批中介资质的发放权不在属地行政主管部门，但属地行政主管部门对资质单位具有监督管理义务，且属地主管部门的日常监管义务通常有法律法规明确规定。

一般来讲，县以上行政主管部门负责依据法律，法规和相关部门规章，对行政审批中介进行日常监管。具体监管内容包括：检查行政审批中介机构的资质证书；监管行政审批中介日常行为活动，对其违法活动依法查处，并将行政审批中介的违法行为、处理建议及时报送行政审批资质许可机关。

对于属地行政主管部门同时具有行政审批中介的资质管理权限以及日常监管责任。此种情况因地而异。当监管权与资质管理权二权合一时，属地管理部门能比较顺畅对行政审批中介进行日常监管，对违规行政审批中介施以较为有效的处罚。这种有效处罚通常为资质处罚。属地行政主管部门根据规定对违规资质机构进行处罚，情节严重者取消从业资质。

绝大多数行政审批中介的资质管理权不在属地政府。有的地方行政主管部门在个别领域通过变通的方式建立制度，变相拥有辖区内管理行政审批中介资质的权限。比如有的部门通过建立区域质量管理机制，对辖区内行政审批中介实行监管。凡在区内执业的行政审批中介机构不仅要获得从业资质，还须符合本地制定的标准，通过审核。这就是属地行政主管部门在不具备资质管理权限，但要同时管理开放市场的情况下的应对方式。属地行政主管部门通过制定本地行业准入门槛，限制辖区内市场规模，一定程度上化解了属地主管部门对“开放市场，有监管权，无处罚权”可能出现的混乱局面。

（二）行政审批中介机构协助行政主管部门监管

在建设工程领域，部分行政审批中介同时协助属地政府监管。协助监管的方式为：行政审批中介机构扮演问题发现机制，将发现的问题与信息报送行政主管部门，由行政主管部门行使监管权力。多个领域的行政审批中介机构协助地方政府监管，比如防雷设置机构、建设工程施工图审图机构、特种设备检测机构、疾病预防控制中心（以下简称“疾控中心”）等。

“防雷设施检测”方面，出具防雷设施检测报告的机构同时负责出具整改意见，协助行政主管部门进行执法，但实际处罚权在行政主管部门。中国气象局第24号令《防雷减灾管理办法》第二十一条规定：“防雷装置检测机构对防雷装置检测后，应当出具检测报告。不合格的，提出整改意见。被检测单位拒不整改或者整改不合格的，防雷装置检测机构应当报告当地气象主管机构，由当地气象主管机构依法做出处理。”

“建设工程施工图审图”方面，2013年住建部令第13号《房屋建筑和市政基础设施工程施工图设计文件审查管理办法》第二十二条规定，

"县级以上人民政府住房城乡建设主管部门对审查机构报告的建设单位、勘察设计企业、注册执业人员的违法违规行为，应当依法进行查处。"也即，县级以上行政主管部门具有执法权，但审图中心出具的审图意见是政府做出执法判断的唯一专业依据。在此意义上，审图中心扮演协助政府监管的角色。实际操作上，地方审图中心如发现违法现象，通常向其业务联系部门汇报，协助政府监管市场。

"特种设备检测"方面，地方各级特种设备检测研究院（以下简称"特检院"）负责特种设备检测。特检院不具备监管、执法、处罚权。特检院会对定检企业进行催检，但如企业逾期不检，特检院会将名单移交本级行政主管部门，同时告知省级行政主管部门。行政审批中介特检院作为问题发现机制，其报送的问题是本级行政主管部门实施日常监管的信息来源之一。

"疾控中心"方面，根据地方调研，不少地区疾控中心与卫生监督所分离后，两家机构属平级关系，分工合作。疾控中心主要负责技术检测；卫生监督所负责行政管理。日常监管上，作为行政审批中介的疾控中心将检测结果交由卫生监督所，由卫生监督所具体监管与执法。

（三）完成行政主管部门交付的临时任务

在建设工程领域，部分行政审批中介机构与本级行政主管机构存在紧密合作关系。除履行日常职责，有些行政审批中介机构还要完成行政主管部门随时交付的任务。此类行政审批中介机构主要为事业单位与转制机构。

承担政府临时交付任务的机构与政府关系比较微妙。这类机构通常与主管部门关系紧密，但又有一定距离，不完全依附主管部门。在政府机构改革、事业单位改革以及企业转制的背景下，部分机构逐渐与行政主管部门拉开距离。虽然有些中介机构性质仍为事业单位，但随着改革推进，这些事业单位与行政主管部门出现一定程度的分离。比如有的机构由与主管部门合署办公变为独立办公。

相比之下，转制企业与行政主管部门的距离较事业单位更远。由于这些机构曾为政府内设部门，机构与转制改革将此部门政府原有职能划拨出去，但政府日常工作仍有可能依靠此部分技术力量。因此，这些机构虽然不再是行政主管部门内设机构，但行政主管部门仍凭借此前的紧密联系，依需求委托这些机构完成任务。政府通常只象征性支付报酬。

有些地区的疾控中心属于此种情况。疾控中心承接有关政府部门的临时任务，主要包括行政主管部门卫生部门，以及业务相关部门，比如安监部门下达及委托的任务。在执行政府部门交托的任务上，疾控中心扮演的角色更类似政府职能部门。

行政审批中介不仅有可能承接本级行政主管部门交托的工作及任务，也可能承接上级行政主管部门交托给本级行政主管部门的工作和任务。比如，上级卫生主管部门下达到本级卫生主管部门的临时工作，本级卫生部门可能将有关任务指派给本级疾控中心。

除了行政主管部门以外，有些部门虽然不是行政审批中介的主管部门，但由于业务联系紧密，也可能给行政审批中介下达任务。比如，根据地方调研，地方市场监管部门虽然不是本级疾控中心的业务主管部门，但也时常委托疾控中心完成相关检验工作。市场监管部门决定委托给行政审批中介的工作是否有经费支持。通常情况下，行政审批中介与行政主管部门或其他有业务委托关系的政府职能部门形成默契的合作关系。其他政府职能部门在委托行政审批中介工作时无须告知该行政审批中介的行政主管部门，行政中介在完成工作后通常会将工作内容同时报送委托工作的政府职能部门与自身的行政主管部门，在两部门间共享信息。

2015 年改革前，有些事业单位性质的行政审批中介并未与行政主管部门脱钩。根据地方调研，此类行政审批中介接受行政主管部门委托任务的现象并不明显，这并非因为行政审批中介与行政主管部门关系不够紧密，而是因为二者关系更加紧密。有行政审批中介与行政主管部门合署办公，可更加方便地令行政主管部门将工作指示转化为行政审批中介的日常工作。

在转制机构中，根据地方调研，有些地方的工程检测机构和环境影响评价机构会接受政府部门临时交付的工作。虽然这些行政审批中介机构或完成转制，或完成一定程度的转制，但仍与行政主管部门关系紧密，随时有可能接受来自行政主管部门下达的工作。这些工作并非都有经费支持，部分工作有象征性经费提供。有些地方的转起企业因脱身于政府内设部门，虽然转制为企业，但仍与行政主管部门维持亲缘关系。较之其他市场主体，这类转制企业更了解行政主管部门的运作机制以及本地实际情况，为政府提供各种环境咨询，因此仍是政府日常依赖的专业力量。

（四）行政审批中介成为行政主管部门主要收入来源，为部门提供财政、人员支持

2015 年改革前，行政审批中介服务“防雷设施检测”多为各级气象部门直属事业单位提供。根据地方调研，有些地方的防雷设施检测机构与本级气象主管部门合署办公，更似气象局内设职能部门。气象系统属于中央与地方双重管理。有的地方气象局存在经费短缺的情况，中央直拨经费较少，本地拨付经费多年未增长，中央及地方财政拨款较难支持此类地方气象局的日常运作。有的地方气象局依靠其直属事业单位防雷检测机构获得财政支持。身为事业单位的行政审批中介防雷检测机构实行“收支两条线”制度，在有的地方成为本地气象主管部门的主要收入来源。此外，事业单位性质的行政审批中介还为行政主管部门提供日常办公及业务人员支持。由于编制受到严格限制，有些地方气象主管部门在编人员不能满足业务需求，而事业单位用人制度相对比较灵活，因此气象主管部门主体人员来自身为事业单位的自招人员。2015 年改革推动了各领域行政主管部门与“红顶中介”脱钩。改革在切断两者利益关联的同时，也切断了两者的财政、人事关系。

（五）依赖政府业务照顾生存

2015 年改革前，有些行政审批中介服务领域准入条件低、服务技术含量低，行政审批中介服务机构依赖政府的业务照顾。比如，有些地区的学会、行业协会成为行政主管部门指定会务单位。在有的地区，行政审批流程中凡涉及需要委托会务机构的，建设方须从行政主管部门指定的范围委托中介机构作为会务机构。

（六）人事任免

在人事任免上，属地管理的事业单位性质的行政审批中介机构的人事任免权由行政主管部门掌握。根据地方调研，有的行政审批中介为民办非企业（以下简称“民非”），虽然已经转化为社会组织，但有些地方民非的人事任免依然受到原行政主管部门的管理，人事任免须取得现业务联系部门的认可。有的行政审批中介机构是地方学会的挂靠机构，在制度上与其业务主管部门不具备人、财、物关系。但实际上，除自聘的

技术人员，此类行政审批中介的主要人事变动都要征求业务主管部门的意见。

（七）财政

按照事业单位“收支两条线”的管理制度，事业单位性质的行政审批中介收入纳入财政部门，支出由财政部门按预算另行拨付。但有些转制单位性质的行政审批中介机构与业务主管部门的财政关系比较不清晰。

实际上，根据地方调研，此类转制单位的财政并不独立于业务主管部门。不管转制单位在转之前为事业单位还是政府内设部门，转制只是解除了这些单位与其原行政主管部门的财政依附关系，不再实行“收支两条线”制度。但对于有些转制单位性质的行政审批中介，“转制”反而加强了这些单位与原行政主管部门的联系。在“收支两条线”制度下进入本级财政，转制后进入原行政主管部门的“小金库”。理论上，转制指的是令行政审批中介机构与原行政主管部门脱钩。有些地方，“转制”实际上让两者关系更加密切。原行政主管部门虽然名义上不再是转制后的行政审批中介机构的主管部门，但仍在“人”“财”“物”上管理行政审批中介机构。由于不受制于“收支两条线”的限制，此种行政审批中介与原行政主管部门利益形成深度利益共同体。如此亲密的“人”“财”“物”关系反而强化了此类行政审批中介与其原行政主管部门的关系。

第三节　各级行政主管部门的监管权限

中国对建设工程领域行政审批中介机构实行资质管理与日常监管并行的管理方式。因此，各级行政主管部门的监管权分为资质管理权与日常监督管理权。

一　从业资格管理权

资质管理权限包括资质许可、资质处罚两部分。资质许可指资质的审批和发放。资质处罚指主管部门在资质单位违反规定时，针对资质方面的处罚，具体处罚包括不授予资质审理、升级；暂停及注销资质等。

（一）资质许可权

第一，资质许可权收归国家与省。中国建设工程领域中介资质的许可权主要在国家与省主管部门，地级市、区县政府只在少数情况下享有对中介机构从业资格的许可权限。建设工程领域行政审批中介服务中，绝大多数行政审批中介服务的从业资格由国家、省级行政主管部门管理。其中部分领域处于封闭状态，从业资格管理权限收在国家主管部门。这些领域包括：军队系统（国家人防办）主管的人防类行政审批中介服务；国家安监局主管的“特种设备检测”，以及水利部主管的“水土保持监测报告”。其余服务实行国家与省分级管理体制。多数情况下，国家主管部门负责甲级资质的审批发放，省、自治区、直辖市主管部门负责乙级以下资质的审批发放。

第二，国家将从业资格许可权下放到省。部分领域，国家将该领域中介机构从业资格的许可权下放给省主管部门，由省主管部门负责资质的审批和发放。5个领域的资质许可权由国家级主管部门下放给省级主管部门，包括住建部主管的“建设工程施工图审图”“消防工程施工图审图”“工程检测”，以及中国气象局主管的“防雷装置检测报告”“防雷装置设计技术评价报告编制”及“雷电灾害风险评估”。这些由省级主管部门负责许可的领域的初始权限并不在省级主管部门，而在国家主管部门。省级许可权限是由国家主管部门赋予的。比如，“建设工程施工图审图”，住建部通过出台部门规章，赋予省、自治区、直辖市人民政府住房城乡建设主管部门，根据行政区内的建设规模，确定相应数量的审查机构。[①]“工程检测”方面，国家主管部门原建设部，通过部门规章的方式，将资质许可权赋予省、自治区、直辖市人民政府建设主管部门。[②]“防雷装置检测报告”方面，中国气象局也是通过部门规章方式将防雷装置检测机构的资质认定权赋予省、自治区、直辖市气象主管机构。[③]

---

① 住房城乡建设部：《房屋建筑和市政基础设施工程施工图设计文件审查管理办法》，2013年4月27日（http：//zjt. hainan. gov. cn/info/1342/34701. htm）。

② 建设部：《建设工程质量检测管理办法》，2005年9月28日（www. gxzj. com. cn/news. aspx? id =5345）。

③ 中国气象局：《中国气象局关于修改〈防雷减灾管理办法〉的规定》，2013年5月31日（www. cma. gov. cn/2011zwxx/2011zflfg/2011zbmgz/201305/t20130531_215364. html）。

第三，国家将工作组织权限下放到省。国家在个别领域下放工作组织权予各省、自治区、直辖市，由各地方主管部门负责组织该实施领域工作。“雷电灾害风险评估”属于此种情况。例如，广东省对从事“雷电灾害风险评估”的机构实施“省—地级市”分级管理，而广东省对此领域工作的组织权限是国家级主管部门中国气象局下放的。

中国气象局第24号令《防雷减灾管理办法》第二十七条规定“各级地方气象主管机构按照有关规定组织进行本行政区域内的雷电灾害风险评估工作。”此条规定将“雷电灾害风险评估”的工作开展权赋予地方气象主管部门，其中自然包括从事雷电灾害风险评估报告编写的中介机构的资质许可权。比如，广东省制定了省内标准，规定省内对从事雷电灾害风险评估的中介机构实行“省—地级市”分级管理。省管权限及以上项目的雷电灾害风险评估服务由省级防雷专业技术机构会同项目所在地市级防雷专业技术机构承担；省管权限及以下项目的雷电灾害风险评估服务由市级防雷专业技术机构会同项目所在地县级防雷专业技术机构承担。

第四，省级行政主管部门规定并下放从业资格许可权至地级市行政主管部门。在有的行政审批中介服务领域，国家法律、法规并没有对行政审批中介机构的从业资格做出规定。有的省份通过地方立法的方式规定行政区域内各级政府权限。省级行政主管部门再在地方性规法的基础上制定地方政府规章，对工作做出具体规定。比如对于“档案整理”，广东省的《广东省档案条例》规定从事档案整理的中介机构到所在地档案行政管理部门备案。此外，广东省档案局制定《广东省档案中介机构备案登记管理办法》，做出相同规定。省内各市也出台了相应的本地管理办法。

（二）资质处罚权

资质处罚权为资质许可机构所有。建设工程领域，行政审批中介服务的资质处罚权皆属资质许可机关。即负责审批、发放资质的部门，同时享有资质处罚权，如注销、降低资质等级等处罚。

表 4—2　各级行政主管部门对行政审批中介机构资质许可及处罚权①

各级行政主管部门对行政审批中介机构的资质许可及处罚权限							
服务序号	行政审批中介服务	最高主管部门	国家	省级	市级	区县级	权限归属
1	人防工程设计	军队系统	有	无	无	无	国家
2	人防工程施工图审图	军队系统	有	无	无	无	
3	人防工程施工（设备生产及安装）	军队系统	有	无	无	无	
4	特种设备检测	原国家质检总局，现国家市场监督管理总局	有	无	无	无	
5	水土保持监测报告编制	水利部	有	无	无	无	
6	水土保持方案	水利部	有	有	无	无	国家、省分级管理
7	水土保持设施竣工验收技术报告编制	水利部	有	有	无	无	
9	工程造价咨询	住建部	有	有	无	无	
10	建设工程勘察、设计	住建部	有	有	无	无	
11	建设工程监理	住建部	有	有	无	无	
12	建设工程施工	住建部	有	有	无	无	
13	招标代理	住建部	有	有	无	无	
14	地质灾害评估	原国土资源部，现自然资源部	有	有	无	无	
15	地质灾害治理施工	原国土资源部，现自然资源部	有	有	无	无	
16	地质灾害治理工程设计	原国土资源部，现自然资源部	有	有	无	无	

① 此处并用 2018 年国务院机构改革前后的部门名称。

续表

各级行政主管部门对行政审批中介机构的资质许可及处罚权限

服务序号	行政审批中介服务	最高主管部门	国家	省级	市级	区县级	权限归属
17	地质灾害治理工程监理	原国土资源部，现自然资源部	有	有	无	无	国家、省分级管理
18	地质灾害治理工程勘察	原国土资源部，现自然资源部	有	有	无	无	
19	现状测绘（综合管线图）、房产、宗地图测绘	原国土资源部，现自然资源部	有	有	无	无	
20	防雷设施施工	中国气象局	有	有	无	无	
21	防雷装置设计	中国气象局	有	有	无	无	
22	职业病危害控制效果评价	原国家卫计委，现国家卫生健康委员会	有	有	无	无	
23	职业病防护设施设计	原国家卫计委，现国家卫生健康委员会	有	有	无	无	
24	职业病危害预评价	原国家卫计委，现国家卫生健康委员会	有	有	无	无	
25	环评文件编制	原环保部，现生态环境部	有	有	无	无	
26	环保验收报编制	原环保部，现生态环境部	有	有	无	无	
27	规划设计	国家发改委	有	有	无	无	
28	节能评估文件编制	国家发改委	有	有	无	无	

续表

各级行政主管部门对行政审批中介机构的资质许可及处罚权限							
服务序号	行政审批中介服务	最高主管部门	国家	省级	市级	区县级	权限归属
29	建设工程施工图审图	住建部	无	有	无	无	国家授权省管
30	工程检测	住建部	无	有	无	无	
31	防雷装置检测报告编制	中国气象局	无	有	无	无	
32	防雷装置设计技术评价报告编制	中国气象局	无	有	无	无	
33	雷电灾害风险评估	中国气象局	无	有	有	无	国家授权省、地级市分级管理
34	档案资料整理	国家档案局	无	无	有	有	国家授权地市、区分级管理
35	除四害	国家爱卫办	无	无	无	有	属地管理
36	专家评审	不适用	不适用	不适用	不适用	不适用	

资料来源：笔者自制。

二　日常监管、处罚权

除资质管理权以外，各级行政主管部门还具备对行政审批中介机构的日常监管、处罚权。如表4—4所示，在不同领域，各级行政主管部门对日常监管、处罚权的拥有情况不同。各级行政主管部门对日常监管权与处罚权的拥有情况分为七种：1. 只有国家级行政主管部门拥有日常监管及处罚权；2. 国家与省级行政主管部门拥有日常监管及处罚权；3. 国家、省、地级市行政主管部门分别拥有日常监管及处罚权；4. 县级以上行政主管部门皆拥有日常监管及处罚权；5. 属地行政主管部门无日常监管权，但有处罚权；6. 属地行政主管部门有日常监管权，但无处罚权；7. 属地行政主管部门拥有日常监管权及处罚权。

（一）国家及省级行政主管部门行使日常监管、处罚权

在有些领域，只有国家及省级主管部门拥有日常监管及处罚权。比如

"职业病危害因素控制效果评价"，《职业卫生技术服务机构管理办法》（卫生部令〔2002〕第31号）（以下简称《管理办法》）第二十九规定："省级以上卫生行政部门对取得资质的职业卫生技术服务机构实行年检，并组织经常性监督检查。"该《管理办法》在年检和经常性监督检查的基础上规定罚则，比如第三十六条规定"职业卫生技术服务机构在申请资质或者年检、抽查时，采取弄虚作假、行贿等不正当手段虚报资料的，卫生行政部门根据情节轻重，不予核发资质证书或给予停止使用资质证书3至6个月直至收回资质证书的处罚"。由于第二十九条规定只有省级以上卫生行政部门对资质单位有年检、抽查权，因此第三十六条规定的处罚主体"卫生行政部门"只能是省级以上卫生行政部门。按此规定，地级市、区县级政府卫生主管部门无权对辖区内职业卫生技术服务资质机构进行监管及处罚。

再如住建部主管的"招标代理"，《工程建设项目招标代理机构资格认定办法》（建设部令第154号）第二十八条至第三十二条规定，只有资质许可机关有权对工程招标代理进行处罚。第十三条规定，国家建设主管部门和省、自治区、直辖市人民政府建设主管部门是工程招标代理机构资格的资质许可机关。也即，只有国家和省级行政主管部门有权行使日常监管、处罚权，地级市、区县级行政主管部门无权监管及处罚工程招标代理机构。

（二）国家、省、地级市行政主管部门行使日常监管、处罚权

有些领域，国家部门规章规定国家、省、地级市行政主管部门都可对资质机构行使日常监管、处罚权。省与地级市的监管权是由国家级主管部门授权而来。

这种情况下，国家主管部门监管权限最强，省、地级市权限逐次减弱，地级市实际监管权被架空。比如"人防工程施工"，国家人防办《人民防空工程防护设备生产安装行政许可资质管理办法》（国人防〔2013〕536号）对国家、省、地市级人防主管部门的监管权分别进行了规定。第二十四条规定"国家人防主管部门负责监督管理全国人防工程防护设备生产安装工作"，主要职责包括制定全国政策法规、行业标准、组织产品研发、定型及推广、管理机构资质、检查政策法规执行、组织职业培训和产品质量监督检查、建立健全许可资质档案管理制度、建立并组织指导实施诚信评价评估办法及指标体系、建立完善信息化管理系统、信息公开。

第二十五条规定了省级人防主管部门的监管权限，包括：贯彻执行国

家有政策法规和标准规范；负责本行政区域内人防工程防护设备生产安装质量的监督；负责本行政区域内人防工程防护设备生产安装企业的年检工作；每年定期对生产安装的产品进行检验，检验合格的发给证明文件，不合格的限期整改，整改不合格的，经报国家人防主管部门批准取消许可资质；根据国家标准，制定本行政区域的信息价格；会同工商等相关部门制定统一规范的销售合同，指导企业使用；按照国家人防主管部门确定的铭牌样式进行统一制作、发放；日常监督检查，对违规行为视情予以警告、通报批评、停产整改、报请国家人防办撤销许可资质。

第二十六条规定了地市级人防主管部门按照国家人防主管部门的监管权限，包括：贯彻执行国家和省级政策法规和标准规范；负责本行政区域内人防工程防护设备生产安装质量的监督；负责本行政区域内人防工程防护设备维护保养落实的监督检查；向省级人防主管部门报告监督管理工作情况。

可以看出，“人防工程施工”方面，国家人防办的监管职责更多侧重宏观的系统性管理，如：政策法规、行业标准制定，管理资质，产品质量把，信息化建设，业务培训等。省及地市级人防主管部门具体负责辖区内的监管。但省与地市级主管部门的监管权限并不相同。除资质处罚，省级主管部门具有实质监管处罚权，可对违规中介处以行政处罚，如进行资质处罚，则须报请国家人防办。地市级人防主管部门只享有软性日常监管权，只具监督及汇报权，不具行政处罚权限。

（三）各级行政主管部门分工合作

虽然省、地市级行政主管部门的权限由国家级主管部门授予，但有的领域，这种授予关系并没导致监管权的逐层削弱。国家主管部门制定规则，区分各级主管部门不同的监管角色，使各级监管部门可以分工合作。

比如“特种设备检测”，国家质检总局《特种设备检验检测机构管理规定》（国质检锅〔2003〕249号）规定了国家、省及地市级主管部门的不同监督管理方式。该《管理规定》不但规定了监管方式，同时规定可清晰量化的监管任务。

地市级行政主管部门贴近辖区内业务运行，主要负责日常监督检查，每年至少进行1次常规性监督检查，并将监督检查结果报省级质量技术监督部门。①

省级行政主管部门只负责区域内抽查，起到对地市级行政主管部门监管效果复查作用。每年抽查数量不少于检验检测机构总数的25%，4年中至少应当对每个检验检测机构抽查1次。同时将监督抽查结果报国家质检总局。②

国家质检总局对全国范围检验检测机构的检验检测工作质量进行抽查考核。常规性监督检查、监督抽查、抽查考核的要求按《特种设备检验检测机构监督考核规则》执行。国家质检总局将定期对检验检测机构监督抽查、抽查考核结果进行通报。③

（四）县级以上行政主管部门都有日常监管、处罚权

此类中介服务领域数量最多。虽然县级以上主管部门具有日常监管、处罚权限，但不同领域具体情况差异很大。

第一，县及以上各级行政主管部门分别同时具有监管、处罚权。这种情况最为普遍。有关部门规章通常对县级以上地方人民行政主管部门的监管处罚权做统一规定，不对各级主管部门的权限做区分。比如住建部主管的“建设工程施工”，建设部《建筑业企业资质管理规定》（建设部令〔2007〕第159号）第二十三条规定“县级以上人民政府建设主管部门和其他有关部门应当依照有关法律、法规和本规定，加强对建筑业企业资质的监督管理”。在处罚权上，表4—3展示了建设部部门规章有关各级行政主管部门对建设工程施工企业处罚权的规定。此类对“县级以上人民行政主管部门”日常监管、处罚权做统一规定的领域还包括：住建部主管“工程造价咨询”“建设工程勘察、设计”“建设工程监理”“工程检测”“建设工程施工图审图”“消防设施施工图审图”；国土资源部主管的“地质灾害治理施工”“地质灾害治理工程设计”“地质灾害治理工程监理”“地质灾害治理工程勘察”；中国气象局主管的“防雷装置设计技术评价报告编制”“雷电灾害风险评估”“防雷装置检测报告”，以及国家人防办主管的“人防工程施工图审图”。

---

① 国家质检总局：《特种设备检验检测机构管理规定》2003年8月8日。

② 同上。

③ 同上。

值得注意的是，在“人防工程施工图审图”方面，国家人防办只笼统规定“人防主管部门”负责日常监管、处罚，并非如上述领域明确规定由“县级以上”行政主管部门行使。①

表 4—3　　各级行政主管部门对“建筑业企业”监管、处罚权举例

第三十三条	以欺骗、贿赂等不正当手段取得建筑业企业资质证书的，由**县级以上地方人民政府建设主管部门**或者有关部门给予警告，并依法处以罚款，申请人 3 年内不得再次申请建筑业企业资质
第三十四条	建筑业企业有本规定第二十一条行为之一，《中华人民共和国建筑法》、《建设工程质量管理条例》和其他有关法律、法规对处罚机关和处罚方式有规定的，依照法律、法规的规定执行；法律、法规未做规定的，由**县级以上地方人民政府建设主管部门**或者其他有关部门给予警告，责令改正，并处 1 万元以上 3 万元以下的罚款
第三十五条	建筑业企业未按照本规定及时办理资质证书变更手续的，由**县级以上地方人民政府建设主管部门**责令限期办理；逾期不办理的，可处以 1000 元以上 1 万元以下的罚款
第三十六条	建筑业企业未按照本规定要求提供建筑业企业信用档案信息的，由**县级以上地方人民政府建设主管部门**或者其他有关部门给予警告，责令限期改正；逾期未改正的，可处以 1000 元以上 1 万元以下的罚款

资料来源：《建筑业企业资质管理规定》（建设部令〔2007〕159 号）。

第二，立项地主管部门负责监管、处罚。在有的领域，国家主管部门规定建设项目审批、核准、备案所在地的行政主管部门负责日常监管和处罚。也即，不同项目的监管部门不同。比如“节能评估文件编制”，国家发改委《固定资产投资项目节能评估和审查暂行办法》（国家发展改革委令〔2010〕第 6 号）第四章“监管和处罚”规定节能审查机关负责日常监管和处罚。该《暂行办法》第九条对“节能审查机关”进行了界定。“固定资产投资项目节能审查按照项目管理权限实行分级管理。由国家发展改革委核报国务院审批或核准的项目以及由国家发展改革委审批

① 国家人民防空办公室：《人民防空工程施工图设计文件审查管理办法》2009 年 7 月 20 日，第五章监督与管理。

或核准的项目，其节能审查由国家发展改革委负责；由地方人民政府发展改革部门审批、核准、备案或核报本级人民政府审批、核准的项目，其节能审查由地方人民政府发展改革部门负责。”这也就规定了“谁立项谁监管”的原则。因此依立项地不同，国家、省、地市、区县级政府业务都可能成为该项目节能评估文件编制机构的监管者。

第三，对日常监管、处罚权无具体规定。在有的领域，国家主管部门只规定各级主管部门可以进行监督检查，但并无明确规定各级主管部门必须进行监督检查，也未对各级监管权做具体规定。比如“地质灾害评估”，国土资源部《地质灾害危险性评估单位资质管理办法》（国土资源部令〔2005〕第29号）在各级主管部门监管权上，只提及“国土资源管理部门对本行政区域内地质灾害危险性评估活动进行监督检查时，被检查单位应当配合，并如实提供相关材料。”[①] 此条规定并非一种强制性口吻，并无硬性规定主管部门应对区内资质单位监督检查。可以理解为如进行检查，被检查单位须配合。但各级主管部门如无日常监管行为，并不能被视为违反该部门规章。除此之外，该《管理办法》未对各级主管部门日常监管、处罚权做其他规定。

（五）区县级部门有处罚权，无监管权

上述几种情况属于一级行政主管部门同时拥有或不拥有监管、处罚权限。但有的情况下，一级政府并不同时拥有监管权和处罚权。对于属地行政主管部门，有的领域，县级政府无监管权，但有处罚权。这又分为以下两种情况。

第一，处罚权各级皆享；监管权唯国家、省拥有。住建部主管的“规划设计”属于此种情况。住建部《城乡规划编制单位资质管理规定》（住建部令〔2012〕第12号）规定“县级以上人民政府城乡规划主管部门”行使处罚权，主要处罚方式是罚款。[②] 但只有“资质许可机关”有权进行监督检查。[③] 该《管理规定》规定，资质许可机关为国务院及省、

---

① 国家质检总局：《特种设备检验检测机构管理规定》2003年8月8日。

② 住房和城乡建设部：《城乡规划编制单位资质管理规定》，2012年7月2日（www. yqsghj. gov. cn/zcfg/201804/t20180416_688694. html）。

③ 住房和城乡建设部：《城乡规划编制单位资质管理规定》第三十条、第三十一条，2012年7月2日（www. yqsghj. gov. cn/zcfg/201804/t20180416_688694. html）。

自治区、直辖市人民政府城乡规划主管部门。①

第二，处罚权各级皆享；监管权国家下放给省。中国气象局主管的“防雷设施施工”“防雷装置设计”属于此种情况。根据中国气象局《防雷工程专业资质管理办法》（中国气象局第22号令），“县级以上气象主管机构”都有权对从事防雷工程专业设计和施工的单位进行处罚。② 但只有“省、自治区、直辖市气象主管机构”有权进行监督察。③

（六）区县级行政主管部门有监管权，无处罚权

这也分两种情况。第一种情况，各级主管部门皆有监管权，只有国家级行政主管部门有监管权。第二种情况，各级行政主管部门皆有监管权，监管权无详细规定。

第一，各级行政主管部门皆有监管权；唯国家有处罚权。环保部主管的“环评文件制”“环保验收报告”属于此种情况。环保总局《建设项目环境影响评价资质管理办法》（国家环境保护总局令〔2005〕第26号）规定各级环保主管部门对环境评价机构负有日常监管监察职责，并对环评机构的工作质量进行日常考核。省级环境保护行政主管部门可组织对本辖区内评价机构的资质条件、环境影响评价工作质量和是否有违法违规行为等进行定期考核。④ 但对于检查不合格的环评机构，只有国家环保总局有权处罚。处罚手段包括：给予警告、通报批评、责令限期整改3—12个月、缩减评价范围、降低资质等级或者取消评价资质。⑤

---

① 住房和城乡建设部：《城乡规划编制单位资质管理规定》第十七条，2012年7月2日（www. yqsghj. gov. cn/zcfg/201804/t20180416_688694. html）。

② 住房和城乡建设部：《城乡规划编制单位资质管理规定》第二十八条，2012年7月2日（www. yqsghj. gov. cn/zcfg/201804/t20180416_688694. html）。

③ 住房和城乡建设部：《城乡规划编制单位资质管理规定》第二十五条，2012年7月2日（www. yqsghj. gov. cn/zcfg/201804/t20180416_688694. html）。

④ 住房和城乡建设部：《城乡规划编制单位资质管理规定》第三十三条，2012年7月2日（www. yqsghj. gov. cn/zcfg/201804/t20180416_688694. html）。

⑤ 住房和城乡建设部：《城乡规划编制单位资质管理规定》第三十七条、第三十条，2012年7月2日（www. yqsghj. gov. cn/zcfg/201804/t20180416_688694. html）。

第二，各级皆有监管权；国家、省有处罚权。国土资源部主管的“现状测绘”“房产宗地图测绘”和“规划放线”属于此类情况。国土资源部国家测绘局《关于印发〈测绘资格管理规定〉和〈测绘资质分级标准〉的通知》（国测管字〔2009〕13号）规定，资质审批机关是国家及省级测绘主管部门。各级测绘行政主管部门履行测绘资质监督检查职责，测绘资质审批机关负责实施处罚。

（七）区县级行政主管部门同时拥有监管权、处罚权

此类行政审批中介服务事项数量很少，各个情况不仅相同。比如在有的地方，“除四害”等行政审批中介机构的日常监管权及处罚权由地方行业协会行使。

表4—4　　各级行政主管部门日常监管处罚权限

各级行政主管部门日常监管处罚权限								
服务序号	中介机构/服务内容	最高主管部门	权限类别	国家	省级	市级	区县级	备注
1	水土保持设施竣工验收技术报告	水利部	日常监管、处罚	有	有	无	无	国家、省
2	水土保持方案编制	水利部		有	有	无	无	
3	水土保持监测报告	水利部		有	有	无	无	
4	人防工程设计	军队系统		有	有	无	无	
5	职业病危害控制效果评价	原卫计委，现国家卫生健康委员会		有	有	无	无	
6	职业病防护设施设计	原卫计委，现国家卫生健康委员会		有	有	无	无	
7	职业病危害预评价	原卫计委，现国家卫生健康委员会		有	有	无	无	
8	招标代理	住建部		有	有	无	无	

续表

各级行政主管部门日常监管处罚权限								
服务序号	中介机构/服务内容	最高主管部门	权限类别	国家	省级	市级	区县级	备注
9	人防工程施工（设备生产及安装）	军队系统	日常监管、处罚	有	有	有	无	国家、省、地市
10	特种设备检测	原国家质检总局，现国家市场监督管理总局		有	有	有	无	
11	建设工程施工	住建部	日常监管、处罚	有	有	有	有	县级以上
12	工程造价咨询	住建部		有	有	有	有	
13	建设工程勘察、设计	住建部		有	有	有	有	
14	建设工程监理	住建部		有	有	有	有	
15	工程检测	住建部		有	有	有	有	
16	建设工程施工图审图	住建部	日常监管、处罚	有	有	有	有	县级以上
17	地质灾害评估	原国土资源部，现自然资源部		有	有	有	有	
18	地质灾害治理施工	原国土资源部，现自然资源部		有	有	有	有	
19	地质灾害治理工程设计	原国土资源部，现自然资源部		有	有	有	有	
20	地质灾害治理工程监理	原国土资源部，现自然资源部		有	有	有	有	
21	地质灾害治理勘察	原国土资源部，现自然资源部		有	有	有	有	
22	雷电灾害风险评估	中国气象局		有	有	有	有	
23	防雷装置检测报告	中国气象局		有	有	有	有	
24	防雷装置设计技术评价报告	中国气象局		有	有	有	有	

续表

各级行政主管部门日常监管处罚权限								
服务序号	中介机构/服务内容	最高主管部门	权限类别	国家	省级	市级	区县级	备注
25	人防工程施工图审图	军队系统	日常监管、处罚	有	有	有	有	县级以上
26	档案资料整理	档案系统		有	有	有	有	
27	节能评估文件编制	国家发改委		有	有	有	有	
28	规划设计	住建部	日常监管	有	有	无	无	属地无监管权，有处罚权
			处罚	有	有	有	有	
29	防雷装置施工	中国气象局	日常监管	无	有	无	无	
			罚款	有	有	有	有	
30	防雷装置设计	中国气象局	日常监管	无	有	无	无	
			罚款	有	有	有	有	
31	环评文件编制	原环保部，现生态环境部	日常监管	有	有	有	有	属地有监管权、无处罚权
			处罚	有	无	无	无	
32	环保验收报告编制	原环保部，现生态环境部	日常监管	有	有	有	有	
			处罚	有	无	无	无	
33	现状测绘（综合管线图）、房产、宗地图测绘	原国土资源部现自然资源部	日常监管	有	有	有	有	
			日常处罚	有	有	无	无	
			处罚	有	有	无	无	
34	规划放线	原国土资源部，现自然资源部	日常监管	有	有	有	有	
			日常处罚	有	有	无	无	
35	除四害	国家爱卫办	日常监管、处罚	无	无	无	有	属地管理
36	专家评审（非中介机构）	不适用	不适用	不适用	不适用	不适用	不适用	

资料来源：笔者自制。

第 五 章

建设工程领域行政审批中介与服务的问题及原因

规制政府的重要特点是政府借助社会力量实现规制。行政审批中介的出现与发展证明中国已进入规制政府时代，政府从直接行使审批权到通过借助社会中介机构提供的专业服务行使行政审批权，实现了政府的部分事务性职能向社会转移。但政府对社会中介组织的管理方式上仍延续计划经济时代“命令—控制”式的管理方式：自上而下、政府主导、通过行政手段直接管理。在资质设立基础上、对资质主体的要求、管理主体、管理依据上都由政府主导。政府在职能上放权社会的同时，依旧延续过去的管理方式，二者之间存在张力，会影响市场发育和规制效果。

第一节　制度环境有待完善

一　法律、法规执行不到位

20 世纪 90 年代以来，中国法律制度建设取得突破性进展，并不断完善。在建设工程领域，目前中国行政审批中介法制环境的问题更多体现在法律、法规的执行层面。中介机构违法成本低是开放市场恶性竞争、非法逐利的根本原因。在政府没有显著干预、基本形成自由竞争的开放市场，恶性竞争的情况比较普遍。有些地方的中介机构通过竞相压价争夺市场份额，导致利润空间被严重压缩，甚至出现接近零利润的情况。由于违法成本低，恶性压价开始出现。竞争者通过违规降低服务质量，压低成本，进而压低价格来获取市场份额。自由竞争的开放市场各中介领域都不同程度上存在恶性竞争的现象。

二 仲裁制度与纠纷申诉渠道匮乏

审查类行政审批中介机构对国家强制性规定执行程度较高，但对于非强制性规定的技术判断，与被审查对象经常发生纠纷。封闭领域替代性选择少，匮乏有效上诉机制，审查者与被审查对象之间的技术纠纷无法获得疏解。比如“建设工程施工图审图”，审图机构与设计单位通常在国家强制性规定上并不会发生实质争议。分歧较多集中在有关设计细节的专业意见。这些意见分歧多与建筑结构质量安全问题无关，属专业判断范畴。有些情况下，设计单位不满审图机构给出的专业修改意见，与审图机构发生纠纷，客观上拖延了审批效率。但目前制度设计上并不存在针对这种情况的申诉渠道与仲裁机制，使得审图机构与设计单位之间的此类纠纷较难得到有效解决。

三 部分行政审批服务环节缺失

（一）非行政审批事项前置中介服务得不到有效执行

开放市场中有的领域中介数量少，原因在于该项中介服务不是行政审批事项的前置要求。行政审批决定实际市场规模。凡属行政审批事项前置要求的中介服务，才可能出现与区内建设项目数量相当的市场规模。非行政审批事项前置的中介服务，即便有关法律、法规、政策文件要求必须实行，无行政审批把关，在有效监管缺位的情况下，该项服务基本得不到执行。

比如之前提到的“职业病防护设施设计”。虽然有关规定要求有职业病危害的项目必须进行“职业病防护设施设计”，但由于只有“危害严重”的项目是办理“施工许可”的前置条件。“危害一般”和“危害较重”的项目很少委托资质单位进行“职业病防护设施设计”。因此，此项中介服务的市场规模很小。虽然此项服务的市场已经放开，但市场实际需求小导致区内无资质中介机构。

（二）非行政主管部门审查的中介服务得不到有效执行

不同中介服务由哪个主管部门负责直接决定政府对该项中介是否存在有效监管。在有些政策规定下，某项中介服务成为另一项中介服务的行政审批事项前置，由后者的主管部门负责审批。这很大程度上导致后者的主管部门出现对前者监管不严的情况。首先，后者的主管部门不具备前者领域的专业知识。其次，非主管部门审查该项中介服务的意愿不高。

比如“水土保持方案编制”，如前所述，《中华人民共和国水土保持法实施条例》，水利部、国家计委、国家环境保护局联合发文《开发建设项目水土保持方案管理办法》（水利部、国家计委、国家环境保护局水保〔1994〕513号），其中第二条规定“在山区、丘陵区、风沙区修建铁路、公路、水工程、开办矿山企业、电力企业和其他大中型工业企业，其建设项目环境影响报告书中必须有水土保持方案。”此规定实际上确定了“水土保持方案”为“环境影响报告书”的前置审批事项。

根据地方调研，在有的地方，环保部门负责把关“水土保持方案”。在此种审批流程下，环运局不具备审查水土保持方案的专业知识。有的地方环保部门认为此项工作应由水利行政主管部门承担，即便在检查收件是否齐全方面，检查意愿也不高。当此流程漏洞被建设方发现后，有些地方甚至出现建设方不再委托中介机构编制水土保持方案的情况。

第二节　行政主管部门与行政审批中介机构存在利益关联

在建设工程领域，行政主管部门与行政审批中介机构之间存在不同程度的复杂关系。行政审批中介机构与行政主管部门关系界限不清晰导致出现诸多问题。2015年改革前，有的行政审批中介机构与行政主管部门关系过于紧密，甚至有如政府内设部门。在某些领域，与政府关系密切的行政审批中介机构享受政策优惠，并在中介市场上与其他企业并存，不利于开放市场中的公平竞争。

一　审批部门与转制企业存在非正式合作关系

如前所述，2015年改革前，以事业单位形式存在的行政审批中介实行“收支两条线”管理制度，在人事和财政关系与行政主管单位关系过于紧密。事业单位性质的行政审批中介凭借与行政主管部门的密切关系，获得市场中的优势地位，干预了市场秩序的形成与正常运行。2015 年改革的主要内容之一就是切断审批部门与行政审批中介的利益关联。改革明确规定:“审批部门所属事业单位、主管的社会组织及其举办的企业，不得开展与本部门行政审批相关的中介服务，需要开展的应转企改制或与主管部门脱钩。”①

然而，转企改制的行政审批中介并不一定与审批部门没有关系。本研究显示，与审批部门关系密切的行政审批中介机构不一定在制度上与审批部门有关系。比如转制企业，形式上已经转制成为民营股份有限公司，既非审批部门所属事业单位，也非审批部门主管的社会组织及其举办的企业，但实际上有的转制企业与审批部门的密切关系不亚于审批部门所属的事业单位，社会组织及其举办的企业。有的民办非企业的行政审批中介的情况与转制单位类似。

有些转制行政审批中介机构通过利益交换的方式，与审批部门达成非正常合作关系。比如，有的地方存在行政审批中介机构多年来与审批部门达成一套非正式、不成文的互惠合作关系。这种关系下，审批部门将政府咨询项目独家委托转制的行政审批中介，同时行政审批中介也要向审批部门做出相应承诺。通过这种合作关系，转制行政审批机构为审批部门提供其部门日常工作可依赖的技术力量，同时审批部门在一定程度上进行业务倾斜，转制行政审批中介机构获得稳定的业务来源。这种利益交换式的合作方式，不利于转制企业独立参与市场竞争。政府介入过多，干预市场业务结构，不利于形成健康市场。

二 部分审批部门向行政审批中介机构输送利益

行政审批中介机构凭借与政府的亲缘关系，成为“红顶中介”，获得政策倾斜。封闭市场基本不存在竞争，有些依赖政府业务照顾生存的行政审批中介获得垄断地位。审批部门将辖区内相关行政审批中介服务业务定向委托给红顶中介。建设方只能委托审批部门指定的行政审批中介机构提供服务。审批部门的利益输送使得红顶中介因垄断辖区内业务，

① 国务院办公厅:《关于清理规范国务院部门行政审批中介服务的通知》，2015 年 4 月 29 日（www. gov. cn/zhengce/content/2015 -04/29/content_9677. htm）。

有地红顶中介提高收费标准、地方低质量服务；还有地方出现红顶中介以服务审核质量讨价还价的现象。红顶中介将收费划分成若干价位，低要求，低收费。红顶中介提供的低质量服务不能为行政审批提供有效支持，但审批部门不能从表面形式一致的技术报告、检验报告等判断行政审批机构提供服务的真实情况。这是2015年改革的重要内容之一。

三 审批部门向“红顶中介”倾斜政策

红顶中介不仅存在于封闭市场，也存在于开放市场。比如，在原则上开放的市场中，有的红顶中介占据当地80%以上的市场份额。有些政府部门将相关咨询类课题全部委托红顶中介。政策倾斜下，红顶中介可以持续、稳定获得相当市场份额，这为市场中其他不受到照顾的行政审批中介带来明显竞争压力。其他企业竞争者或只能依靠边缘业务生存，难以发展壮大；或利用后期监管不力的制度漏洞，降低服务质量、压低价格招揽生意，成为市场的不健康因素。在此种市场中，竞争者既包括转制单位也有企业的情况。当转制单位与企业同为竞争者，某些领域出现原主管部门向转制单位进行政策倾斜，以保其市场竞争力的情况。

2015年改革的重点内容之一是红顶中介与审批部门脱钩。审批部门所属事业单位、主管的社会组织，及其举办的企业已开始全面脱钩。但转制企业类型行政审批中介因机构身份比较隐蔽，依然存在尚未与审批部门脱钩的情况。有的地方，转制红顶中介因在市场中获得优势地位，挤占其他类别市场主体的发展空间，其他市场主体出现在市场夹缝中求生存的境况。这也是竞争不占优势的其他市场主体寻找制度与监管漏洞、违规运营，成为正常市场秩序的扰乱因素。

第三节 行政审批中介资质管理制度及衍生问题

一 行政审批资质管理权集中在上

行政审批中介资质管理权集中在政府最高主管部门且管理依据为部门规章，行政审批中介管理制度稳定性弱。政府最高主管部门既为行政审批中介资质标准的制定者，同时也行使最高管理权，这可能影响管理制度的稳定程度，且各部门管理思路差异大。主管部门可能根据部门自身利益制定管理标准的情况。如本书所示，不同管理部门对开放市场的包容程度不同，放权程度因而不同。各类行政审批中介资质因主管部门不同，资质申请难易程度、中介市场发育程度皆不同。

二 单位资质管理体制限制了行业自然整合

由于中介服务事项随政府管理需求增减，政府管理需求则会直接决定中介资质数量的变化。中国建设工程行政审批中介事项的发展历程可清晰显示这一变化关系。20 世纪 90 年代，政府逐渐放权社会，社会组织蓬勃发展，行政审批中介服务数量激增，中介资质数量也大幅增长，随之分化出相当数量的新兴行业。理论上，领域相近的中介服务可整合为同一行业，但由于从事不同中介服务须单独申请不同资质，而申请资质需要成本，这种资质管理制度客观上限制了行业的自然整合，不利于市场健康发育。

行政主管部门根据审批需求设置行政审批中介服务事项，进而根据服务事项设置中介资质。中介行业呈“碎片化”结构，增加了政府监管难度。2015 年大幅取行政审批中介服务事项后，资质与行业碎片化的局面并未改变。由于申请资质需要成本，实力雄厚的中介机构才有可申请多个资质，从事多项服务。碎片化的中介资质限制了市场行业的自然整合空间，进而导致行业碎片化。行政审批中介行业数量多，行业整合程度低。如图 5—1 所示，内地建设工程领域行政审批中介服务整合成 10 个行业。其中 8 项行政审批中介服务可整合为工程技术行业；两项中介服务可整合为工程监理。比如，在工程技术行业，有的实力雄厚的中介机构同时承担规划、测绘、工程设计、勘察、质量检测、地质灾害工程方面的中介服务。规模相对小机构则程度承担单一或部分工程技术服务。

三 单位责任制，个人追责弱

目前中国建设工程领域的中介资质普遍实行单位责任制，即资质单位承担违规责任。法律、法规、政策规章对代表资质中介机构从事服务的个人追责机制较弱。这使得现实中个人责任定位较难。资质单位是责任主体，个人执业资质通常不会受到影响，不会影响其职业前途，客观

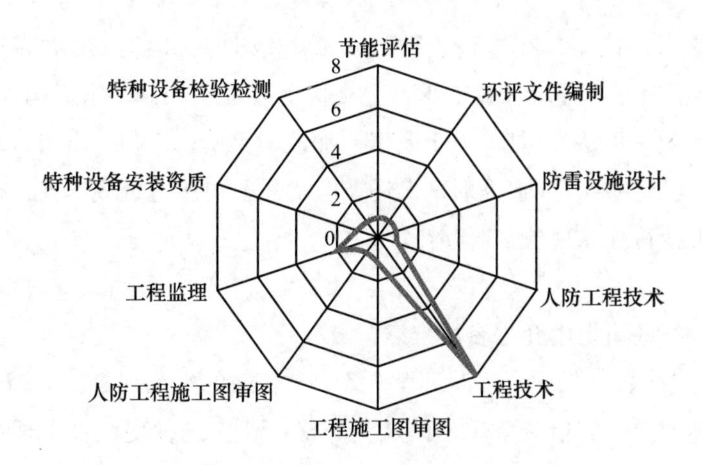

图5—1　内地建设工程行政审批中介涉行业

资料来源：笔者自制。

造成资质个人的违法成本较低。

虽然个别领域的资质管理办法虽然已经体现出“个人负责”的管理思路，但在具体规定上仍欠完善。比如“建设工程勘察设计”，《建设工程质量管理条例》（国务院令第279号）第十九条规定“勘察、设计单位必须按照工程建设强制性标准进行勘察、设计，并对其勘察、设计的质量负责。注册建筑师、注册结构工程师等注册执业人员应当在设计文件上签字，对设计文件负责。”此条规定清晰体现出“个人责任制”的管理取态，但该《管理条例》只列出资质单位的罚则，并无规定专业人士如何对签字的设计文件负责。

单位资质致使政府监管追责难。单位资质使得责任主体也是单位。部门规章的追责主要在单位资质上，主体责任主要针对资质申请，并非针对中介服务质量，资质中介机构违规作业的最大损失是丧失资质。在此制度下，个人并不是责任主体，不承担任何法律责任。这里的个人包括行政审批资质中介机构的法人、主要负责人、项目执行人等。

根据地方调研，松散的追责体制使政府很难监管到位，行政审批中介违规成本低，实际操作上很多情况只能对中介机构施以软性行政处罚，并不能对违规中介起到有效的约束作用。此外，单位资质对申请机构硬件条件要求高，相当数量的机构无力申请高级资质，或不愿承担日常资质维护的高昂成本，在申请资质或资质升级时向市场公开招募挂靠人士。[①] 根据地方调研，有的专业人士靠将个人资质挂靠多家机构谋取人。依据《行政许可法》，挂靠人士属于“涂改、倒卖、出租、出借行政许可证件”，构成犯罪，应追究刑事责任，但实际上司法追责成本高，行政处罚的缺失使得挂靠现象普遍存在。

四 行政审批中介“资质挂靠”

“资质挂靠”是中国建设工程领域十分普遍的失范现象，指无单位资质的个体或单位假借资质单位的从业资格执业。这种现象多出现在开放市场。为了有效管理开放市场，国家主管部门出台资质管理办法，规定符合一定要求的单位方可成功获得从业资质。在日常监管缺位的情况下，资质管理体系反成为“挂靠”现象的温床。对于资质持有者来说，允许“挂靠”可以降低维持全职员工的成本；对于无资质者来说，“挂靠”可以降低维持资质条件的成本。两者在开放市场形成扭曲的共生关系。此现象在资质实行总量可控制的领域表现得尤为明显。

五 个别领域存在资质总量控制

如前所属，目前3个国家主管部门对中介资质实行总量控制，这些资质分别为“人防工程设计”、“人防工程施工”以及“环境影响评价”。考虑到人防工程的特殊性，国家人防办对人防工程类资质实行总量控制具有一定合理性。但国家环保部对“环境影响评价”甲级资质实行总量控制的原因之一为保护特殊利益。随着国家逐渐加强对建设工程环评的重视，环评市场壮大速度很快。提供环评服务的机构既包括转制单位，也包括一般企业。面对竞争压力，不少市场开放前具有优势的转制单位纷纷处于劣势，甚至被市场淘汰。国家环保部对甲级资质实行总量控制，使得很多达到资质要求的环评企业不能申请甲级资质，在承接业务范围上受到限制，变相保护了目前甲级资质持有者，不利于市场的健康竞争及发育。

---

① 资质申请对该机构所聘用的专业技术人士有要求。“挂靠”为专业技术人士将专业资质挂在并非受雇的机构，以在表面上增强该机构的团队“实力”，或在需要的时刻获得该机构的外包工作。

第四节 基层监管权责不对等

政府对建设工程领域行政审批中介主要采取资质管理制度，通过审批资质管理行政审批中介机构，对匮乏对行政审批中介机构所提供的服务质量的监管，提供服务的事中、事后监管薄弱。“自上而下、中央授权”式的管理方式使得管理主体与管理对象存在较大的距离，基层政府权限弱，很难实现日常监管到位。

根据地方调研，基层政府各主管部门在对区内建设领域中介机构的日常监管上呈现出“无监管或弱监管”的局面。基层审批部门基本依照法律、法规、政策规定的要求，履行日常监管权。在政府主责的背景下，基层各主管部门对监管措施是否具备法律依据十分敏感，但既有法律、法规、政策规章的各种规定，令基层政府陷入监管困境。这是基层“无监管、弱监管”的根本原因。

一 监管手段缺失

各中介机构业务管理系统的不同规定将属地政府限于监管困境。属地政府匮乏监管手段，不具备监管权限是属地监管不力的根本原因，具体情况如下。

（一）无监管权、处罚权

理论上，资质管理与日常监管、处罚权属同一级主管部门的“双权合一”架构有利于增强主管部门对中介机构的制约力度。但目前的情况是资质管理权与日常监管、处罚权“双权分离”。绝大多数中介领域，资质管理在上，日常监管、处罚权在下，导致属地主管部门对违规中介机构无实际制约力量。

有的领域双权虽然属于同一级行政主管部门，但双权同时在上。日常监管、处罚权与资质管理权同在上级主管部门。实际上，上级主管部门无论在监管手段、力量、地理距离，还是在对地方情况的掌握上，皆无法实现有效日常监管。在此规定下，属地主管部门无权越级代管，上级主管部门的遥不可及使得某些领域根本不存在日常监管措施。

比如“招标代理”，建设工程招标代理的资质许可机关是国家住建部

(甲级)以及省住建厅(乙级)。对招标代理机构实施日常监管和处罚的是资质许可机关。也即,地级市以下主管部门皆无日常监管与处罚权。日常监管与处罚权在上,使得实际上这两项权力得不到有效执行,“双权合一”因此不具实际意义。

根据各部门规定,8 项中介服务领域存在地级市、县级政府没有日常监管、处罚权的情况,这将属地主管部门推入“非法监管”的困境。属地主管部门本应对辖区内有关中介领域实行日常监管、处罚,但监管权的政策缺位,使得属地行政主管部门的日常监管变为“非法行为”。这种政策上的尴尬,令属地主管部门进退两难。因此实际操作上,基层行政主管部门对辖区内行政审批中介机构不存在日常监管行为。

再如“特种设备检验检测”,《特种设备检验检测机构管理规定》(国质检锅〔2003〕249 号)规定“特种设备使用单位对检验检测机构出具的检验检测结果、鉴定结论有异议的,可向当地质量技术监督部门提出申诉。”按照规定,属地主管部门有权接受特种设备使用单位对检测检验机构出具的检测检验结果提出申诉,但《特种设备检验检测机构管理规定》并未赋予基层行政主管部门日常监管以及处罚权限。有的地方特种设备检测研究院是上级特种设备检测研究院分院,与省院共享同一资质。在此种情况下,基层市场监管部门在接到投诉后,并无权限以及机制处理申诉,某种程度上导致监管不力与不满聚积。

(二)资质管理权与日常监管权、处罚权分离

资质管理权与日常监管权、处罚权分离是属地政府监管无力的主要原因。即便基层政府有日常监管权、处罚权,实际监管效果也不理想,这主要原因在于资质管理权与日常监管、处罚权分离。绝大部分领域地级市以下政府没有资质管理及处罚权。在没有资质管理与处罚权限的情况下,即便法律、法规、政府规章赋予县级政府日常监管、处罚权限,监管效果也会十分虚弱,出现“弱监管”局面。因为日常处罚措施以罚款为主,罚款数额小,对资质中介的制约力量不明显。属地主管部门即便认真执行日常监管职责,对违规中介进行处罚,也不会对违规中介的从业资格造成实质影响。所有领域的资质处罚权属于资质许可机关,而资质许可权绝大多数收归国家、省级主管部门。资质管理权与日常监管、处罚权分离使得服务质量出现问题的中介机构,至多受到小额罚款,从

业资格不会受到影响。虽然资质许可机关有权对违规者撤销资质，但资质许可机关并非属地主管部门，对中介机构日常执业的情况并不能直接掌握。即便掌握情况，信息层层上报后也会为实质资质处罚带来变数。

资质管理权与日常监管、处罚权分离也是建设工程领域滋生大量资质挂靠的主要原因。属地政府作为日常监管主体，对违规中介没有实质制约力量。即便辖区内存在大量资质挂靠现象，属地主管部门也无权对被挂靠机构的资质做出处罚。比如，挂靠现象比较严重的几个领域“建设工程施工”、“建设工程勘察、设计”、“建设工程监理”等，基层行政主管部门通常通过劝导、教育、协调、整改等方式进行管理。

（三）监管权与处罚权分离

基层行政主管部门监管权与处罚权分离指“有监管权，无处罚权”或“有处罚权，无监管权”。监管权与处罚权分离会直接导致“非法监管”或“非法处罚”。在实际应对上，基层不同行政主管部门有不同应对方式。而“监管权与处罚权的分离”对封闭市场与开放市场具有不同影响。

封闭市场中，由于辖区内行政审批中介数量有限，且一般与属地主管部门关系紧密。行政主管部门通常沿用传统、非正式方式与行政审批中介机构沟通。不同行政主管部门有不同沟通方式，且通过经过多年慢慢磨合形成。因此政策法规中出现的“监管权与处罚权分离”的情况并未对行政主管部门与行政审批中介机构业已形成的互动模式造成影响。

但在开放市场中，辖区内有多家行政审批中介，形成具有一定规模的市场，需要行政主管部门进行强有力的监管。基层行政主管部门“有监管权，无处罚权”或者“有处罚权，无监管权”的情况会在法理上令基层行政主管部门陷入“非法监管”或者“非法处罚”的困境。如果基层行政主管部门不采取任何监管措施，则有可能出现市场混乱。虽然属地主管部门没有被赋予日常监管或处罚权，但如果辖区内市场出现混乱，本地行政主管部门依旧有可能被追究行政责任。监管权与处罚权分离对封闭市场与开放市场的影响不同，主管部门的应对方式也不同。

在封闭市场中，2015 年改革前，如果行政审批中介机构为事业单位，基层政府“有处罚权、无监管权”基本不会对实际管理产生影响。如行政审批中介为转制单位，基层较为常见的应对方式是行政主管部门以日常沟通代替监管。

开放市场中，基层处罚权、监管权分离存在两种情况。一为基层行政主管部门“有监管权、无处罚权”；二是基层行政主管部门“有处罚权，无监管权”。面对“有监管权、无处罚权”，有的基层行政主管部门通过建立区域性制约机制，夯实监管权。“有处罚权，无监管权”的情况比较特殊。此种情况指，基层政府虽有处罚权，但部门规章没有赋予基层政府日常监管权限，这使得基层政府被赋予的处罚权无的放矢，理论上导致属地主管部门无法实施日常监管。

（四）日常监管权缺失

有些领域存在“以资质管理代替日常监管”的现象。这主要表现在政策法规上不存在对中介机构服务质量的日常监管规定，只存在资质管理要求以及罚则。比如“地质灾害危险性评估”，国土资源部有关管理办法只对资质管理的部分内容做出罚则要求，包括办理资质证书变更、注销手续以及不及时备案等，并不存在对地质灾害危险性评估机构服务质量的管理办法及罚则。

类似服务如“地质灾害工程监理”，国土资源部只对不按要求更新资料，不备案有罚则规定，对监理机构工作质量没有监管及罚则规定。虽然对于“地质灾害危险性评估”以及“地质灾害工程监理”，基层行政主管部门具有日常监管及处罚权，但其监管与处罚权限指并不涵盖最应该监管的内容，即对行政审批中介机构服务质量的监管。因此，即便政府在日常监管过程中发现服务质量存在问题，也无处罚依据。

二　既有监管手段无力

基层行政主管部门行政处罚手段一般仅限于警告、限期改正、没收违法所得、罚款、停业整顿、记入信用档案等。以上行政处罚手段，最有约束力的是对行政审批前置项目的“限期改正”。不合标准的中介服务会被处以限期改正，否则不能通过该项行政审批。不能按时通过行政审批，建设方面临工期拖延，面临成本上升的压力，行政审批中介一般都会自行按时改正。

除此之外，警告、停业整顿、记入信用档案等措施并没有实质约束效力。很多领域都出现中介机构违规成本低，反复违规被处罚后，继续执业的情况。在无资质处罚权的情况下，上述处罚手段收效甚微，即便属地主管部门依法处罚，也不会对违规行政审批中介的从业资质造成影响。因此，中介机构反复违规被处罚，但仍有资格从业的情况在建设工程领域普遍存在。

比如“工程检测”，此项服务从业资质管理权归属省级主管部门，虽然区县级基层政府有日常监管及处罚权，但罚则无力，特别是罚款，不构成对从业机构的惩戒效应。对比“工程检测”收费及罚款额度，可见法定罚款额度不会对违规中介机构起到制约作用。比如，根据地方调研，按6万平方米商住项目（中型项目）计，委托中介进行“工程检测”的费用约200万元。而针对检测结构检测报告质量的罚则仅有一条，即“伪造检测数据”。如检测机构伪造检测数据，行政主管部门对其警告，并处3万元罚款。对收费200万元的检测项目处以3万元罚款，处罚力度过轻，并不能有效惩治违规行为。

即便不与行政审批中介服务收费进行比较，不少领域的罚款数额过少，同样会导致处罚无力。比如“深基坑监测”，《产品质量检验机构计量认证管理办法》规定，“未取得计量认证合格证书的产品质量检验机构，为社会提供公证数据的，县级以上政府计量行政部门有权责令其停止检验，可并处一千元以下的罚款。”《管理办法》对无资质执业的中介机构只处以一千元罚款，并无任何资质处罚规定。在此规定下，即便有资质处罚权的资质许可机构，也无从依法对违规中介进行资质处罚。

第五节　收费问题

一　政府定价标准滞后

封闭市场一般会导致价格垄断，收费过高，但此问题在建设工程的封闭中介领域并不存在。原因在于，中国以前实行的计划经济定价机制仍然发挥作用。各级政府物价主管部门对各种中介服务收费有明确规定。封闭领域中介机构与政府关系紧密，比较严格执行政府发布的物价标准，某些领域存在收费标准滞后的情况。

比如“防雷设施检测”，有的地方仍在执行十余年前的收费标准。在经济发展水平已经发生显著变化的情况下，此标准带有明显滞后性。但由于气象系统主管的中介服务属于封闭领域、垄断区内业务，来自垄断业务量的收入程度缓冲了收费标准滞后的明显程度。

二 收费标准与市场定价存在偏差

与封闭市场不同，开放市场虽存在国家收费标准，但实际收费大多由市场竞争形成。行政主管部门并非像对待封闭领域一样，严格执行国家收费标准。因此，开放市场中的实际收费与收费标准出现偏差，证明既有收费标准不能反映市场情况。

比如2015年改革前的“环境影响评价”，《国家计委、国家环境保护局关于规范环境影响咨询收费有关问题的通知》（计价格〔2002〕125号）规定，“具体收费标准由环境影响评价和技术评估机构与委托方以通知附件规定基准价为基础，在上下20%的幅度内协商确定。”根据地方调研，实际上地方有环评机构在收费上向下浮动的幅度远超20%，一般在收费标准向下浮动50%—60%。比如投资额10亿元的房建项目，环评报告书的规定收费约35万元，有的地方环评机构通常给予4—5折的优惠，实际收费则约15万元。

实际收费标准是市场竞争的结果。虽然有的行政审批中介机构是辖区内唯一一家有资质从事相关行政审批中介服务的机构，但辖区以外的资质单位也可进入区内执业。收费标准与市场定价的偏差在有的地区演化成了恶性竞争，有的地区则并未出现恶性竞争。未出现恶性竞争的领域多与行政审批中介服务与行政审批中介机构的特性有关。比如，2015年改革前有的地区的环境影响评价服务市场并未出现恶性压价的主要原因是本地环境机构长期形成稳定业务来源，一定程度上抑制了恶性竞争。

三 收费管理陷入怪圈

2015年改革前，价格主管部门对行政审批中介收费的管理陷入怪圈。开放市场的价格本应由市场竞争决定，恶性压价使得中介服务的基本质量无法保障。改革前，建设工程领域的行政审批中介服务收费管理带有浓厚的计划经济色彩。物价管理部门通过限定市场的收费空间，管理行政审批中介机构收费。但这种限制手段未能有效起到制约恶性压价的效果。对于仍按业内规则收费的领域，收费管理怪圈的根本原因是缺乏有效监管与制裁。“违规却不获制裁”是行政审批中介机构牺牲服务质量、压缩利润、恶性压价的根源。因此，制定收费标准并不能化解恶性压价。

统一的收费标准不但无助于缓解恶性竞争等市场乱象，反而抑制了严格执行收费标准的行政审批中介服务领域的发展。政府定价带有先天滞后性，不能及时反映市场供需变动。中国地域广阔，地区差异大，对各项行政审批中介服务事项制定全国统一的收费标准不利于发挥市场应有的调节机制。加之物价主管部门及时更新物价标准的动力较弱，诸多行政审批中介服务领域的价格标准严重滞后。

例如测绘领域，2015 年改革前国家执行的是国家测绘局 2002 年制定的收费标准。十余年未变的收费标准，已经远不能反映市场的综合情况。有的省甚至执行更早的收费标准。行政主管部门对收费标准的严格执行有效避免了市场出现恶性竞争，却令管理陷入僵化。严格执行已不能符合市场需求的收费标准挤压了行政审批中介的利润空间，影响行政审批中介的应有收益。

第 六 章

行政审批中介改革：经验、展望与建议

第一节　他山之石

一　美国经验[①]

由于建设工程行政审批涉及多个领域，目前少有研究关注国外建设工程行政审批全过程对中国改革的借鉴意义，更鲜有研究关注其中的行政审批中介。既有研究多关注单一领域行政管理方式，比如，陶洪基介绍了美国建设工程造价领域的管理方式，[②] 孙继德，王钰冰对英国建设工程设计审查制度。[③] 多国比较研究也多为对建设工程某一环节的研究，比如，温道云对比分析了国外建设工程安全监管模式，[④] 赵明卫介绍了国外建设工程质量监督管理，[⑤] 景慧媛分析阐释了国外建设工程造价的现状，[⑥] 余洪亮分析比较了国外建设工程施工图审查，[⑦] 路向，姜永娟，刘绪明比

---

① 参见张楠迪扬《政府与行政审批中介关系——美国经验对社会投资建设工程项目的启示》，《国家行政学院学报》2016 年第 5 期。

② 陶洪基：《美国建设工程的造价确定及管理方式》，《水利水电工程造价》1994 年第 1 期。

③ 孙继德、王钰冰：《英国建设工程设计审查制度探析》，《建筑经济》2013 年第 1 期。

④ 温道云：《国内外建设工程安全监管模式对比分析》，《中华建设》2015 年第 3 期。

⑤ 赵明卫：《国内外建设工程质量监督管理的特征内容与启示》，《山西建筑》2014 年第 20 期。

⑥ 景慧媛：《国内外建设工程造价发展现状分析》，《科学技术创新》2013 年第 6 期。

⑦ 余宏亮：《国内外建设工程施工图审查制度比较研究》，《建筑经济》2011 年第 9 期。

较研究了国外建设工程监理服务采购方式。[1] 既有研究为借鉴国际经验做了有益准备，然而单一领域研究较难廓清建设工程领域政府与行政审批中介机构的整体关系。社会投资建设工程涉及十余个政府审批部门与行政审批中介服务。政府审批部门如住房及城乡建设、国土、气象、水利、环保、卫生、质检、发改等；行政审批中介服务如规划设计、建筑涉及、审图、水土保持、工程监理、地质灾害评估、治理设计、环境评价与验收等。[2] 政府对社会投资建设工程全过程与行政审批中介服务是否有统一管理思路与模式？政府审批部门在不同领域与行政审批中介的关系如何？不同领域行政审批中介的角色是否不同？这些问题较难通过对单一中介服务领域的研究来回答。

(一) 美国的行政审批中介

在美国建设工程领域，行政审批中介可以是自然人，也可以是公司法人。此处统称为“中介”，以下“中介人士”指自然人形式的中介；“中介机构”指公司法人形式的中介。

第一，行政审批中介人士。《国际建筑规范》规定，建筑文件须由注册专业设计人士出具。[3] 这就规定了业主或业主代理人必须聘请注册专业人士准备申请文件。此项中介服务由此成为建筑许可证审批的前置环节。

美国对中介人士实施的注册专业人士的管理制度。注册专业设计人士指依法注册或取得资质的以设计为专业的人士，[4] 比如建筑师、工程师、建筑设计师等。在美国联邦体制下，专业资质的规定及发放属各州自治事务，因此在考取某州注册专业人士原则上可在该州执业。州与州之间可达成互认协议，以互相认可专业人士资质，从而扩大注册专业人士的执业范围。

专业人士分为毕业生（Graduate）、专业人士（Professional），以及注册专业人士（Registered Professional）。认可学校相关专业毕业的学生即可

---

① 路向、姜永娟、刘绪明：《国内外建设工程监理服务采购方法比较研究》，《建设监理》2012 年第 10 期。

② 张楠迪扬：《中国政府对中介组织的管治困境——以建设工程领域中介服务为视角》，《国家行政学院学报》2015 年第 1 期。

③ 2015 International Building Code, Section 107 Submittal documents [A] 107. 1 General.

④ 2015 International Building Code, Section 202 Definitions.

执业；通过一定专业考试的毕业生可称为专业人士；具有一定实习经验并通过考试的专业人士才可成为注册专业人士。美国法律规定，注册专业人士才能承担法律责任，并有权在法律及证明文书上签字。

各州对注册专业人士的要求各有不同，但大体一致。比如注册工程师，各州一致的基本要求包括：1. 被《美国工程技术鉴定委员会》（Accreditation Board for Engineering and Technology, ABET）认可的四年制大学毕业工程系本科或硕士毕业生。2. 通过标准建筑基础笔试（Fundamentals of Engineering, FE）。满足这两项要求可申请成为见习工程师（Engineer in Training/Engineer Intern）。3. 积累一定年限，通常为四年实习经验。4. 通过工程原理和时间笔试。为同一考试标准，考试通常由中央机构国家工程及测量考试局统一主持，各州可对辖区内参加考试的要求及合格分数做不同要求。

这种管理制度通常由法定专门委员会执行。比如在哥伦比亚特区，《哥伦比亚特区官方法规》§47－2853.06（e）规定成立专业工程师委员会（Board of Professional Engineering），负责规管专业工程师及土地测量师的执业。法规规定委员会由7名成员组成，其中4名为不同专业领域的特区持照专业工程师，2名为特区持照土地测量师。[①] 经哥伦比亚特区议会同意，由市长依法任命专业工程师委员会成员。[②]

政府审批部门虽然不对注册专业人士的执业资格进行监管，但对业主聘请的注册专业人士在工程中承担的职责和法律责任进行监管。凡要求注册设计专业人士提供的文件，审批部门会要求申请人或申请代理在申请许可证过程中，指定拟聘请的注册设计专业人士。[③] 由注册专业人士负责准备的文件一律填写专业人士个人信息，注明专业人士承担的法律责任以及违规处罚，并由专业人士签名。

第二，行政审批中介机构。在美国，中介人士可以独立提供服务，更多情况下，中介人士受雇于中介机构，以中介机构雇员身份提供服务。

---

① DC Official Code, § 47－2853.06 (e), http://www.lexisnexis.com/hottopics/dccode/.

② District of Columbia, Board of Professional Engineering, http://www.pearsonvue.com/dc/engineers/.

③ 2015 International Building Code, Section 107 Submittal documents [A] 107.3.4 Design Professional in responsible charge.

行政审批中介机构主要包括协助审批中介、协助监理中介。

协助审批中介指协助政府进行行政审批的中介机构。该类机构通常对申请人的材料进行先期审查，审查资料是否合乎相关法例或规则。政府对协助审批中介进行资质管理，有意向成为协助审批中介的机构须向政府相关部门提出申请，通过审批获得资质之后方可称为协助审批中介机构。协助监理中介指施工过程中协助政府检查监管工程质量的中介机构。政府同样对协助监理中介进行资质管理。有意成为协助监理机构，须向有关政府部门提出申请，审批合格获得资质之后，方可提供监理服务。

（二）行政审批流程与审批中介

美国政府对社会投资建设工程项目进行全过程审批。审批环节包括工程前的施工许可证审批、竣工验收审批，建筑使用审批。行政审批中介有可能参与任何一个环节。

施工前，除特殊规定项目，所有新建、扩建、改建、修缮、迁移、拆毁或改变建筑物、结构、电、气、管道、机械工程工程在开工之前都须向官方申请建筑许可证（Building Permit）。[①] 建筑许可证的申请资料包括工程内容陈述、地块位置、工程用途、[②] 建设文件[③]、特别监造声明、岩土工程技术报告、工程造价、[④] 总平面图，[⑤] 以及建筑事务官员要求提供的其他资料。[⑥] 审批过程中，政府有权要求注册专业人士提供更多相关材料。[⑦] 一般来讲，申请材料由中介人士负责准备并签名。

施工过程中，政府要求施工方在工程进行的不同阶段向政府部门递交监察报告。业主有选择自费使用或不使用协助监理中介的自由。如不

---

① 2015 International Building Code, Section 105 Permits [A] 105. 2 Work exempt from permit.

② 2015 International Building Code, Section 105 Permits [A] 105. 3 Application for permit.

③ 建设文件是政府审批决定是否发放许可证的主要审批材料，特指为申请建筑许可证而准备的文字及图表材料，包括建筑设计方案、地点、建筑物特征等内容。

④ 2015 International Building Code, Section 107 Submittal documents [A] 107. 1 General。工程最终造价由许可证审批官员审核后确定，2015 International Building Code, Section 109 Fees [A] 109. 3 Building permit valuations.

⑤ 2015 International Building Code, Section 107 Submittal documents [A] 107. 2. 5 Site Plan.

⑥ 2015 International Building Code, Section 105 Permits [A] 105. 3 Application for permit.

⑦ 2015 International Building Code, Section 107 Submittal documents [A] 107. 1 General.

使用协助监理，则同样需要按照政府要求定期提交报告。通常来讲，绝大多数业主会聘用协助监理中介，这样会缩短工期，提高效率，降低综合成本。

程完工时须接受最后检查。① 许可证持有人或授权人士有义务在工程完工前通知当局进行竣工验收。② 当局在完成检查并确保工程符合验收标准后，会批准许可证持有人可以完工。不经当局批准，许可证持有人不得私自完工。③

竣工验收后，建筑物非经当局审批通过，不得使用。当局会对建筑是否违规进行最后检查。检查合格后，当局将向业主发放“使用证”(certificate of occupancy)④，批准建筑开始投入使用。

收费上，审批当局对行政审批收取相关费用，各地方政府有权自行订立收费标准。⑤ 行政审批中介收费属市场行为，政府不做干涉。违规惩罚上，政府严格依据有关法律及规范。任何人违反规定，都将依法受到惩罚。

（三）政府对行政审批中介机构的管理制度：以哥伦比亚特区为例

一般情况下，政府与行政审批中介的关系体现在中介参与项目行政审批流程上。美国有些州启用了第三方评估项目，政府让渡部分行政审批事权，与行政审批中介合作完成审批。下面将以哥伦比亚特区为例，阐述这一合作关系。

第一，第三方评估中介。在哥伦比亚特区，消费者与法规事务部（Department of Consumer and Regulatory Affairs, DCRA）是负责监管哥营建及商业活动的政府部门。DCRA 是哥伦比亚特区政府对各种建设文件的最终审批部门及责任方。为了加快审批速度，DCRA 设立了“第三方面评估项目”（Third - Party Review Program）。申请人可自主选择使用第三方评估，自行承担费用，聘请 DCRA 认可的中介机构，提前对申请材料是否

---

① 2015 International Building Code, Section 110 Inspections [A] 110. 3. 10 Final inspection.

② 2015 International Building Code, Section 110 Inspections [A] 110. 5 Inspection requests.

③ 2015 International Building Code, Section 110 Inspections [A] 110. 6 Approval required.

④ 2015 International Building Code, Section 111 Certificate of occupation [A] 111. 1 Use and occupancy.

⑤ 2015 International Building Code, Section 109 Permits [A] 109. 2 Schedule of permit fees.

合规进行审查。申请人递交申请材料时，一同递交中介机构出具的审查报告。DCRA 在中介机构审查报告的基础上进行审查，并将在 15 个工作日内完成审批。①

凡欲加入第三方评估项目的中介，须向 DCRA 提出申请，审批通过后方可成为第三方评估项目资质中介。认可中介可以为个人，也可以为机构。根据《建设规范》，第三方评估人须具备相关执照/资质，并每年向 DCRA 提交资质证明。第三方评估机构须聘用资质中介人士。经审查文件须有审查人签名或加盖名章。第三方评估人或机构必须依法保持独立性及避免利益冲突。第三方评估机构须拥有至少一位哥伦比亚特区注册建筑师或注册专业工程师，作为评估专业负责人。任何非注册专业人士须在注册专业人士的监督下工作。规划审查员须具备建筑学或工程学认可学位，或同等工作经验。同等工作经验指国际规范委员会认可规划审查师资质，或者 DCRA 官员认可中介。② 审核通过的中介将获得 DCRA 认可编号。DCRA 审批官员将在中介资质上列明该中介可以从事的评估范围。③

作为第三方评估中介的监管机构，DCRA 将定期抽查认可第三方评估机构出具的评估报告。如果 DCRA 发现认可第三方评估机构出具的报告不符合《建设规范》，DCRA 官员有权撤回改中介认可资质。如 DCRA 官员认为该中介已修正行为，可对中介重新发放资质。④ 如申请者在申请过程中作假，将依据《哥伦比亚特区偷窃及白领犯罪法案》被处以相应刑罚。⑤

第一，第三方监理。业主可自主聘请第三方监理负责监察工程过程与进展，确保工程按照建设规范以及建筑许可证要求建造。聘请第三方监理费用由业主承担。第三方监理（Third – party inspection agency）须按照《哥伦比亚市政法规》有关要求对工程进行持续监察，并随时将报告

① District of Columbia, Construction Code Supplement of 2013, 105. 3. 1. 2.

② DCMR, 12A, 105. 3. 1. 1. 1 Minimum Qualification.

③ DCMR, 12A, 105. 3. 1. 1. 3 Scope of Third – Party Peer Review.

④ DCMR, 12A, 105. 3. 1. 1. 6 Review of Work Conducted by Third – Party Plans Reviewers and Revocation of Certification.

⑤ DCMR, 12A, 105. 3. 1. 5 Penalties for False Statements.

呈送至审批部门 DCRA。第三方监理所有报告和记录都将被政府保存。[①]第三方监理有义务每周向 DCRA 汇报工程不合规情况。监理须每周将工程不合规报告及改正意见呈送至 DCRA，并同时抄送给业主或业主代理人。[②] 此外，监理还需例行向 DCRA 汇报工程进展。监察报告分为周报告、基本监察报告、验收前监察报告、验收监察报告、CO 监察报告、升降机监察报告、特殊监察报告。所有报告须由监察员签名，加盖专业主责人员名章。[③] DCRA 对第三方监理实行认可管理制度。业主只可聘请通过 DCRA 审批的认可第三方监理。

要成为 DCRA 认可的第三方监理（Third – Party Inspection Agencies），须向 DCRA 提出申请，并符合《哥伦比亚特区建设规范》（以下简称《建设规范》）的要求。第三方监理可以是机构，也可以为个人。第三方监理机构须拥有一个位主责专业人士（Professional – in – Charge）。该主责专业人士必须够资格审查该监理机构欲从事监理的所有范畴。主责专业人士负责聘请合格且经验丰富的“监察员”（Inspector）。主责专业人士和监察员的专业资质和经验都须满足《哥伦比亚特区建设规范》的相关要求。监察员在主责专业人士的监督下执行具体监察工作。监察员可以是该监理机构的雇员，也可以是其他分包监理机构的雇员。机构之外，个人也可以申请成为第三方监理，但个人需要同时满足成为主责专业人士和监察员的要求。[④]

监理内容包括建设、机械、电力、管道、升降机及传送系统，以及防火。《建设规范》对每项监理内容的主责专业人士和监察员的专业资质和经验的要求都不同。[⑤] 比如建设监理，建设监理专业主责人士须为哥伦比亚特区注册专业工程师或建筑师，同时须具备至少三年建筑设计或建设，结构工程项目设计或建设管理经验，且证明能够胜任工作。建设监理监察员须为国际规范委员会认证建筑监察员（Building Inspector），商业

① DCMR, 12A, 109.3 Types of Inspections.

② DCRA Third Party Inspection Program Procedure Manual, 2012.

③ Ibid.

④ DCMR, 12A, 109.4.2 Minimum Qualifications, Training and Experience Requirements for Third – Party Inspection Agencies.

⑤ Ibid..

能源监察员（Commercial Inspector），以及无障碍监察员（Accessibility Inspector）/规划检查员（Plans Examiner），同时须具备至少三年记录在案的监察经验。[①]

专业要求之外，《建设规范》还对第三方监理的独立性、设备、人事，以及购买保险有具体要求。在独立性上，《建设规范》要求专业主责人员和监察员不得与被监察工程有利益冲突。专业主责人员需签字担保认可第三方监理及所雇佣的专业主责人员和监察员与被监察项目不存在利益冲突。第三方评估中介机构不得担任同一工程的第三方监理。[②] 设备上，认可第三方监理须具备工程检验所需设备。[③] 人事上，认可第三方监理须拥有专业主责人士，并雇佣足够数量的监察员。[④] 购买保险上，认可第三方监理为专业主责人员及监察员购买至少一百万美元的误失险。[⑤]

二　香港经验[⑥]

“一国两制”框架下，中国香港特别行政区建设工程领域行政审批中介管理制度与内地存在显著差异。在对建设工程领域行政审批中介的管理上，香港与内地在对行政审批中介的资质设立基础、资质主体、管理主体、管理依据等方面皆有不同。

香港特区政府与社会力量法定机构协同管理行政审批中介。政府与法定机构的权力都受到法例的严格规范。政府在管理上并不弱势，但法例规定实现了政府主导、社会辅助的有效平衡，保障了处于主导的政府不会忽略市场行业现状与社会专业意见。在市场既有分工基础上，香港采用以个人为资质主体和责任主体的中介资质管理制度，将责任主体切实落实到个人，违法成本高，追罚到位。违规者有可能被纪律处分，[⑦] 处

---

① DCRA Third Party Inspection Program Procedure Manual, 2012.

② DCMR, 12A, 109. 4. 3. 2 Independence.

③ DCMR, 12A, 109. 4. 3. 3 Equipment.

④ DCMR, 12A, 109. 4. 3. 3 Personnel.

⑤ DCMR, 12A, 109. 4. 3. 4 Insurance Coverage.

⑥ 参见张楠迪扬《行政审批中介管理制度：建设工程领域内地与香港的比较研究》，《中国行政管理》2017 年第 2 期。

⑦ 香港法例 123 章《建筑物条例》第 7 条（1A）（b）。

以罚款,[①] 丧失从业资格,甚至定罪。[②]

有效的管理制度应能在适用环境中较好实现制度目标。作为政府的规制工具,行政审批中介的管理制度既应实现对行政审批中介的有效管理,同时也应易于执行。内地目前“命令—控制”型的管理方式,在定位管理对象、管理服务质量、实现有效监管上存在诸多问题。在这个意义上,香港经验对内地构建新型行政审批中介管理制度或有参考价值。

在内地与香港的行政审批中介管理制度中,政府都占有重要地位,但政府的参与程度与方式不同、政府与规制条例、社会的关系也不同。J van der Heijden, J de Jong(2009)按照社会力量的参与程度建构了建筑工程领域政府规制光谱。不同规制政府模式中,政府与社会力量的参与程度不同。[③] 基于此光谱,以下将以资质设立基础、资质主体、管理主体、管理依据四个维度,讨论香港建设工程领域行政审批中介管理制度,政府、法律与社会力量的角色。

(一)资质设立基础

香港虽然也根据政府管理需求设立行政审批中介服务事项,但并非根据政府审批需求,打破既有职业与行业分工另行制定资质。香港特区政府主要根据市场既有职业和行业分工,设立行政审批中介资质。比如,香港市场上已存在工程师、测量师、建筑师、检测师等职业及相关行业。政府在设置相关行政审批中介资质时,参考既有职业及行业分工,在此基础上设立认可人士、注册结构工程师、注册岩土工程师、注册检验人员等,令其在专业范围内提供行政审批中介服务。此种资质设立方式并不会干预市场行业的自然整合。香港建设工程领域行政审批中介所涉行业数量较少,行业整合程度较高。香港该领域行政审批中介仅涉及六个行业,且每个行业可提供的中介服务数量相对多。其中,审图行业可提供3项中介服务、测量行业可提供4项中介服务、建筑顾问行业可提供3项中介服务、工程检测行业可提供1项中介服务、特种设备检测可提供1

① 香港法例123章《建筑物条例》第7条(2)。

② 香港法例123章《建筑物条例》第40条。

③ Van der Heijden J, De Jong J, Towards a better understanding of building regulation, *Environment and Planning B: Planning and Design*, Vol. 36, No. 6, January 2009.

项中介服务。

（二）资质主体

内地行政审批中介的资质主体中介机构，因此是单位资质。与个人资质相比，单位资质更便于政府主导管理。行政审批中介资质的申请主体须具备法人资格，不能为自然人。申请单位的注册资本、办公场地面积、从业资历、资质人士级别数量等须符合相关规定，方可获得资质。单位资质通常分为“甲、乙、丙……”或“一类、二类、三类……”等不同级别，级别越高的资质审批要求越高。

以城乡规划编制单位资质为例，该资质分为甲、乙、丙三级，每级都对法人身份、注册资本、专业技术人员、设备、固定办公场所面积有明确规定。法人身份上，甲、乙、丙三级资质都要求申请单位具备法人资格。注册资本上，甲级资质要求注册资本金不少于100万元人民币；乙级资质要求注册资本金不少于50万元人民币；丙级要求注册资本金不少于20万元人民币。专业技术人员上，甲级资质专业技术人员不少于40人；乙级要求专业技术人员不少于25人；丙级要求专业技术人员不少于15人。设备上，甲乙两级资质都要求具备符合业务要求的计算机图形输入输出设备及软件，丙级要求专业技术人员配备计算机达80%。固定办公场所面积上，甲级资质要求有400平方米以上的固定工作场所；乙级要求200平方米以上；丙级要求100平方米以上。①

有的资质还对申请单位的从业经验有规定。比如，房屋建筑和市政基础设施工程施工图设计文件审查资质规定，一类机构审查人员须有15年以上所需专业勘察、设计工作经历；主持过不少于5项大型房屋建设工程、市政基础设施工程相应专业的设计或者甲级工程勘察项目相应专业的勘察等。二类机构审查人员有10年以上所需专业勘察、设计工作经历；主持过不少于5项中型以上房屋建设工程、市政基础设施工程相应专业的设计或者乙级以上工程勘察项目相应专业的勘察。②

---

① 住房和城乡建设部：《城乡规划编制单位资质管理规定》，2012年7月2日（www.yqsghj.gov.cn/zcfg/201804/t20180416_688694.html）。

② 住房城乡建设部：《房屋建筑和市政基础设施工程施工图设计文件审查管理办法》，2013年4月27日（http：//zjt.hainan.gov.cn/info/1342/34701.htm）。

相比之下，香港的行政审批中介资质主体主要为合资格人士（Qualified Person），[①] 包括认可人士及注册人士，因此香港的行政审批中介资质为个人资质。认可人士及注册人士在香港建设工程领域扮演行政审批中介的角色，为政府审批提供相关中介服务。个人资质体制下，行政审批中介无须满足注册资本、办公场所面积等要求，只要个人专业能力、经验满足要求即可获得资质，因此获得资质的成本较内地大幅降低。

认可人士指经专业考试合格、政府认可并予以登记注册的建筑师、工程师、测量师。任何人士如有意进行建设工程，必须委聘认可人士，负责统筹工程。在建设工程全过程各关键节点，认可人士须制备或监督制备政府要求的审批文件，并以其专业知识证明或确保文件内容符合法例要求。认可人士须对工程进行定期监督和检查，在建设工程涉及的行政审批流程多个环节，认可人士须在提供给政府审批部门的文件上签名并负责。[②]

注册人士包括注册结构工程师、注册岩土工程师、注册检验人士、注册承建商等。如工程需要，还需按规定另聘请注册结构工程师、注册岩土工程师，以及注册承建商等。[③] 根据工程需求，注册人士可能须对工程某方面或阶段性质量负责。

香港的行政审批中介个人资质是建立在职业资质的基础上。成为认可人士首先应取得相关职业的从业资质，获得注册建筑师，土木或结构工程界别的注册专业工程师、注册专业测量师，才可以进一步申请被列入认可人士建筑师、工程师、测量师名册。[④]

（三）管理主体

如前所述，内地建设工程领域行政审批中介的管理主体是政府。这是一种自上而下、中央授权式的管理制度。中央政府可能授权省级及以下行政主管部门与省级及以下行政主管部门分享对行政审批中介单位资质的管理权。中央政府也可能直接授权省级政府代行中介机构单位资质

---

① 香港法例 123 章《建筑物条例》。

② 香港法例第 123A《建筑物（管理）规例》。

③ 《新建楼宇工程》，香港屋宇署（http：//www. bd. gov. hk/chineseT/services/index_new1. html）。

④ 香港法例第 123A《建筑物（管理）规例》第 3 条。

管理权。不同主管部门的放权程度不同，部门差异大。

相比之下，香港由政府和法定机构协作管理行政审批中介。制度设计上，政府为主，法定机构为辅。政府行使行政审批中介管理权，法定机构提供专业审查意见，协助政府管理。香港法例规范了政府与法定机构各自的职能和权力范围，更设置了两者之间的制约机制，既令政府能够吸纳法定机构专业与多元意见，又不会使法定机构僭越政府的应有管理权。

香港法例保证了政府对行政审批中介的管理权。这具体表现在，政府拥有为行政审批中介资质的管理权，各类认可人士、注册人士的名册由行政主管部门首长建筑事务监督（屋宇署署长）保管。[①] 行政主管部门根据法例要求设立各类注册事务委员会，[②] 有权提名委员会组成成员，[③] 并作为成员参与到部分委员会。[④] 政府是中介资质的审批主体，法定机构的资质审查意见对政府审批起协助作用。[⑤] 政府有权依法取消或拒绝延续行政审批中介人士的资格。[⑥]

法例同时规定法定机构的权限，保证法定机构可以切实发挥协助作用。法定机构是根据法例成立或定性，受法例约束，依法承担公共事务管理或服务，相对独立于政府运作的法人团体。[⑦] 香港建设工程领域，法定机构负责行政审批中介人士的资质审查，具体包括审查申请人的资格、做出有关的注册事务委员会认为需要的查询，以确定申请人是否具备有关的经验、与申请人进行专业面试等。[⑧] 法例规定注册事务委员会的人员多元化，很大程度上保证了委员会运作的相对独立以及可吸纳多元意见。[⑨] 这些法定机构包括：认可人士注册事务委员会、结构工程师注册事

① 香港法例 123 章《建筑条例》第 3 条。

② 香港法例 123 章《建筑条例》第 3 条（5）。

③ 香港法例 123 章《建筑条例》第 3 条（5B）、5（C）、5（CA）、5（CB）。

④ 香港法例 123 章《建筑条例》第 3 条（5B）、5（C）、5（CA）、5（CB）；第 8 条。

⑤ 香港法例 123 章《建筑条例》第 3 条（5A）。

⑥ 香港法例 123 章《建筑物条例》第 8（C）（5）。

⑦ 张楠迪扬：《香港法定机构再审视：以内地政府职能转移为视角》，《港澳研究》2016 年第 2 期。

⑧ 香港法例 123 章《建筑物条例》第 3 条 5A。

⑨ 香港法例 123 章《建筑物条例》第 8 条。

务委员会、岩土工程师注册事务委员会、检验人员注册事务委员会和承建商注册事务委员会。在这些委员会的协助下，政府无须处理技术性审查，降低了审批负担。

除注册事务以外，另有法定机构纪律委员会负责监管认可人士及各类注册人士的执业行为，对违规行政审批中介人士进行纪律处罚。纪律委员的设立原则是既具代表性、又有针对性、专业性。比如，法例规定，纪律委员会由 4 名认可人士及注册人士组成，以保证委员会的代表性；其中至少 1 名与聆训人士在同一名册上，以保证委员会的有针对性；[①] 委员会主席须委任一名法律顾问，协助纪律处分聆听程序进行并提供意见，以保证委员会的专业性。[②] 此外，法例赋予各纪律委员团必要的调查授权，如强制调查权、强迫出示文件、命令检查处所、进入和查看处所等一系列等同于原诉法庭的调查权。[③]

法例规定的制衡机制可实现政府与法定机构的相互制约。在政府制约法定机构方面，法例明确规定法定机构起辅助作用，理论上政府在发放行政审批中介资质时可以不遵循法定机构的意见。行政主管部门首长或其指定的该表是法定机构的当然成员，且有权提名法定机构组成成员，则可以在很大程度上将主管部门意见带入法定机构。在法定机构制约政府方面，虽然法例规定行政主管部门首长或代表，以及其提名人士可进入法定机构，但法例同时规定政府代表及指派人士不得过半。另外组成成员须有社会专业团体提名。[④] 此种制度设计保证了法定机构的相对独立。此外，法例规定政府在做出某些决定前必须咨询法定机构意见。[⑤] 即便政府有权不听从法定机构的意见，但实际上如法定机构意见中肯，政府则会面临拒绝吸纳的政治及社会风险。

（四）管理依据

大多数 OECD 国家通过立法制定管理规则。[⑥] 在内地，管理行政审批

---

① 香港法例 123 章《建筑物条例》第 5 条 2。

② 香港法例 123 章《建筑物条例》第 11 条（3A）。

③ 香港法例 123 章《建筑物条例》第 11 条 5。

④ 港法例 123 章《建筑条例》第 3 条（5B）、5（C）、5（CA）、5（CB）。

⑤ 香港法例 123 章《建筑物条例》第 11 条 5A（3）。

⑥ Scott C. Regulation in the age of governance: The rise of the post – regulatory state [J]. The politics of regulation: Institutions and regulatory reforms for the age of governance, 2004, 145.

中介的细则依据主要为政府部门规章或地方性法规。[1] 资质管理方面的部门规章的主要内容通常包括：资质等级及业务范围、资质审批和管理、监督管理了，以及法律责任等。部门规章的一个重要内容就是界定各级政府对不同资质中介的审批及监管权限。如上所述，在单位资质的管理上，部门规章界定了自上而下、中央授权的分级管理体制。这种体制下，国务院主管部门对管理体制有最终解释权，并对管理体制的修改、变更有决定权。也即，国务院主管部门有权根据管理需要，修改、变更各级政府作为不同层次的管理主体的权限，与各级行政审批资质要求。比如，2015 年国土资源部作为主管单位修改了其 2005 年公布的《地质灾害危险性评估单位管理办法》，降低了对各级地质灾害危险性评估单位资质的注册资金要求。[2] 修改后，各级审批部门需遵循新的规定进行资质审批。

相比之下，香港的情况与 OECD 国家相似，依据本地法例作为管理行政审批中介的依据。香港的本地法例通常由特区政府负责草拟法律草案，呈交立法会通过。法案通过成为法例后，政府作为法案草拟方也受法例约束。与内地每个主管部门分头制定所管辖中介资质管理制度不同，香港管理依据的整合程度较高。建设工程领域，行政审批中介的管理依据主要为两条法例，及香港法例 123 章《建筑物条例》，及香港法例 123A 章《建筑物（管理）规例》。两个条例规定了建设工程领域行政审批中介的资质管理制度、管理主体、政府与管理主体及中介的关系等。政府部门作为法例的规管对象，须依照法例要求履行职责。如政府认为有必要变更法例，则须启动漫长而艰难的立法会的修法程序。

第二节　展望与建议

一　将“红顶中介”脱钩改革推向深入

本书显示，“红顶中介”不一定在组织归属上与行政主管单位有直接

---

① 《行政许可法》第 79、80 条对行政审批中介做出原则性规定，对各领域中介的细节规定主要体现在各部门规章中。

② 国土资源部：《关于修改〈地质灾害危险性评估单位资质管理办法〉等 5 部规章的决定》，2015 年 5 月 11 日（www. dlxzf. gov. cn/dlgovmeta/bmxzgk/xzfzcbm _ 1/gtzyj/zfbgkml/tygkxx/201610/t20161025_1676359. html）。

关系。改革进入“深水区”，各种形态的转制单位与相关行政主管单位的联系同样复杂微妙，因此应成为下一步改革的重点。

转制单位包括转制的民办非企业、性质模糊的转制单位与转制企业三类性质的中介机构。本书显示，转制单位与原行政主管部门保持紧密关系。在封闭领域，转制单位处于垄断地位，与事业单位无异。在开放领域，转制单位依赖政府的政策照顾获得市场竞争优势。与事业单位不同，转制单位的收入主要依靠市场，政府的政策倾斜会对市场结构产生实质影响，未受到照顾的企业会处于明显的劣势地位。

转制的行政审批中介在人事、财政上与政府关系密切，处于垄断地位，匮乏独立性，通常存在收费较高、服务时间长、缺乏激励机制等问题。有的行政审批中介名义上是民办非企业或企业，实际仍在人事或财政关系上与原行政主管部门保持密切关系。转制行政审批中介应成为下一步与审批部门真正实现脱钩的重点，利用市场机制淘汰竞争力弱的转制行政审批中介。

下一阶段行政审批中介改革的重点是督促审批部门与所属行政审批中介脱钩到位，深入挖掘其他与审批部门有利益关联的行政审批中解决组织形式并理顺其与政府的关系。各级政府主动打破潜规则，对于已经转制成功，并在市场有一定竞争能力的行政审批中介，原行政主管部门应取消业务倾斜与业务限制，赋予转制单位参与市场竞争自主空间。

二 厘清政府与行政相对人的关系

（一）划清政府与行政相对人的责任关系

建设工程领域，行政相对人指建设方。行政主管部门应分段划清与建设方责任。建设过程中以及竣工验收保养期内所需中介服务，由建设方负责委托。此外的行政审批中介服务由相应主体承担。2015 年改革前，行政主管部门与建设方的关系并未有意识地在政策层面得到有效厘清。改革后，对于部分行政审批中介服务事项，行政主管部门不再要求申请人委托行政审批中介机构提供相关材料，改由审批部门自行委托相关机构进行。这是划清政府与市场权责的努力尝试。

各级政府应进一步推进此项工作，分析既有行政审批中介服务事项，并认定应该委托机构并承担服务成本的主体，合理减轻建设方负担。比如，“地质灾害危险性评估”，如评估内容涉及土地本身抗击地质灾害的敏感程度，则与建设项目和建设过程不直接相关，应由负责土地出让的相关政府职能部门委托机构进行评估，而非由建设方承担。类似工作与改革应持续推进。

（二）改由审批部门承担专家评审费用

建设工程领域多项专家评审及会务费用由建设方承担。“专家评审”环节存在原因是审批部门行政审批技术力量不足，需要借助专家的专业技术知识，为审批提供独立、专业意见。会务单位是专家评审的衍生环节，负责专家评审的组织工作。专家评审和会务服务既然辅助政府行使行政审查职能，产生的费用应该由政府财政负担。2015 年改革后，有的地方已将部分专家评审费用改由审批部门承担，但仍有地方由建设方承担聘请专家评审的费用。建议地方深化此项改革，将专家评审和会务费用改由审批部门承担。

（三）修订与完善地方政策，减轻行政相对人负担

有些地方政策规定不够细致，政策对象范围过广，导致行政相对人或需支付不必要的成本。比如“水土保持方案编制”，国家对“容易发生水土流失”的区域有编制水土保持方案的要求。有些省份的地方政策将全省划分为“容易发生水土流失的区域”。如此简单的政策处理，虽然可保证辖区内不会遗漏区域，为行政主管单位免责，但也可能存在要求过度的情况。由于委托行政审批中介机构提供服务的成本由建设方承担，不细致的政策规定可能导致行政相对人承担不必要的负担。各级行政主管部门应详细梳理本领域行管法律、法规，细化地方政策规定。科学、细化评估地方政策的细化程度和规范。此外，应分清主体责任。对于不应由行政相对人承担的成本，应有相应的主体承担。

三 完善行政审批中介资质管理制度

基层政府存在日常监管难、部分领域监管措施缺失的问题。这很大程度上由于基层政府不具备建设工程中介领域的资质管理权。中国实行单位资质与个人资质双轨制，资质单位为责任主体。单位为责任主体的体制不利于追责，易出现追责不到位，违规的资质个人收不到应有惩罚，从而出现资质个人挂靠泛滥的局面。由于单位及个人资质由不同上级部

门发放，基层政府即便在日常监管中发现问题，除一般行政处罚，无权对资质本身进行处罚，违规者仍具备继续执业的资质，导致实际监管无力。为改善基层政府监管难，提升监管效果，中短期内建立行政审批中介机构“资质扣分制度”，长期建立“个人责任”管理体制是可以参考的方向。

（一）建立行政审批中介机构“资质扣分制度”

基于行政审批中介的单位资质管理体制的制度现实，可建立行政审批中介机构“资质扣分制度”。中国建设工程领域绝大部分行政审批中介资质管理与处罚权在国家级、省级行政主管部门。基层政府没有资质的管理与处罚权，出现日常监管措施无力的情况。建议允许地方试点地区“先行先试”、“资质扣分制度”，实行资质审核、发放权在国家级、省级主管部门，将资质累计扣分吊销权下放至属地主管部门的分级管理体制。

当行政审批中介出现违规行为，属地管理政府除按既有规定进行行政处罚，还按照一定标准将违规行为登记在册，并扣除一定分数。扣分总数达到一定程度者，国家或省级资质许可部门必须取消其资质，且永久不得再次申请。如此制度初期执行有难度，可以从建立区域性资质扣分制度做起，违规的行政审批中介在试点区域内失效，不得在区域内。“资质扣分制度”可从较易协调的省、地级市管理的资质做起，并将范围逐渐扩大。

（二）建立“个人责任”管理体制

中国建设工程领域单位资质管理体制存在追责难等一系列问题。长远来讲，建议逐步建立以个人为资质主体和责任主体的行政审批中介管理制度。建立基于个人职业前程与刑事责任的责罚体制。在新的体制下，责任个人违规违法成本高，有可能在承担刑事责任的同时，终身丧失从业资格。追责到位的体制有望在相当程度上缓解资质挂靠、恶性竞争的局面。个人资质制度不但有利于明确责任主体，还有利于降低资质申请成本，缓解中介行业碎片化局面，促进行业整合。

“个人责任制”是有资质专业人士对所负责并签名的中介服务承担法律责任。如出现违规，负责的资质专业人士不但有可能被吊销资质，且可能终生不得再获得资质。这种规定才能切实解决目前单位责任制责罚效果差、大量资质挂靠的现象。

目前中国普遍未实行“个人责任制度”，但国家个别中介领域的管理办法已经体现出个人责任制的管理思维，这为进一步制定对资质专业人士的具体管理办法提供了政策空间。比如“建设工程施工图审图”，《房屋建筑和市政基础设施工程施工图设计文件审查管理办法》（住建部令〔2013〕第13号）已经明文规定“注册建筑师、注册结构工程师等注册执业人员应当在设计文件上签字，对设计文件负责。”地方试点可以“先行先试”，制定实施专业人士如何负责的具体办法。例如，规定凡发现挂靠现象，则该专业人士进入黑名单，并向社会公布，所有该资质人士参与的项目不得通过审批等。同时对资质人士实行资质扣分制度，如违反国家强制性规定，则对签名负责的资质人士扣除一定分数。累计出现一定数量以上的违规资质人士，将进入黑名单，不得在辖区执业。

四　提升政府规制能力

（一）加强执法

加强执法是提高监管效果的途径之一。行政处罚与司法诉讼相配合，以及信用体制的全面建立运行，可有效提高违法成本。制度建设并非一日之功、一地之事，需要放眼长远、放眼全局，长期努力。

第一，加强执法需要司法体制配合。这需要司法体制能够做到一定的独立性。目前有的地方行政审批中介服务市场存在“有法不依、执法不严、违法有商量”的情况。违法成本低的很大原因在于对既有法律的执行难以到位。各级行政主管部门应在权限范围内，理清各系统利益相关者与中介机构的关系，并鼓励社会通过司法手段，严厉打击中介机构的违法行为。

第二，基层政府可成立综合执法机构，将分散在各部门的执法力量向综合执法部门集中。日常巡查工作仍由各职能部门执行，且部分巡查内容必须出示执法证件。而职能部门不具备执法证，或执法力量不足，需要联合“大执法”进行巡查，往往导致日常巡查不力，或在独立巡查中被巡查对象质疑。如果能够做到有日常巡查任务的部门“人手一张执法证”，则职能部门与执法部门可以实现“巡查”与“执法”的有效分工。职能部门可以独立完成日常巡查，有执法需要时才联合综合执法部门。鼓励职能部门公务员参考执法证件，可有效改善职能部门巡查力量不足，日常巡查须联合“大执法”成本高的现状。

（二）填补监管政策空白

针对国家法律、法规、部门规章、地方性法规及政策未规定如何进行日常监管的领域制定政策，完善日常监管机制。比如，“地质灾害危险性评估”属于此类行政审批中介服务。国家政策虽然指出属地政府对本地行政审批中介负责，但并无具体规定基层政府日常监督检查职责，这为基层政府细化政策留下了空间。地方各级政府应根据法律、法规详细梳理此类行政审批中介服务事项，制定辖区内监管政策，填补相关政策空白，并贯彻执行。

（三）修补属地政府监管制度漏洞

行政审批中介改革要清理、规范以部门利益或“以审代管”思维纳入行政审批流程的前置审批中介服务。现实运作中，发现一些没被纳入行政审批流程的行政审批中介服务执行效果较差。这说明在行政审批以外的管理制度尚未完善以及有效实施时，“以审代管”仍是行政主管部门比较有效的规制手段。比如凡具有职业病危害的项目，不论危害等级如何，都应修建防护设施，进行职业病防护设施设计。但有的地方在行政审查操作上，只有“危害严重”的项目是行政审批事项的前置。“危害一般”、“危害较重”的项目不被列为相应行政审批环节的前置事项。实际发现有些建筑方为节省成本，旨在“危害严重”项目上委托行政审批中介机构进行职业病防护设施设计。

寻找解决此类问题合适方法仍需不管探索并总结经验。延续“以审代管”的思维在本质上是一种以行政力量为主要管理手段的方式。但如果尚未有更有效的管理手段，将重要行政审批中介服务事项的遗漏在审批流程以外则会出现导致对重要事项的监管缺失。因此短期内可考虑将类似比较重要的行政审批中介服务项目将列为相应行政审批环节的前置事项，保障有效监管。长期来讲，同时探索企业承诺制等规制手段与机制。当其他监管机制成熟后，逐步推进前置变后置等改革。

（四）增强政府技术性审查部门的专业监管力量

有的领域存在行政审批中介代替审批部门行使审查权力的情况。政府专业审查能力过弱时，审批中介承担技术性审查有可能导致政府审批权被削弱。某种程度上是专业技术类公务员缺失造成的。1993 年国务院制定《国家公务员暂行条例》，在全国范围建立了公务员制度。经过20余年的发展，公务员制度增强了国家对政府公务人员的有序管理，有利于系统建设官僚阶层。

但对于专业技术性部门，公务员招考制度使得公务员从大学毕业生开始培养。大量没有专业工作经验的毕业生进入公务员队伍，使得有的专业技术领域的公务员队伍开始出现断层。公务员制度实施以前，在专业技术岗位工作多年的专业人士可以进入公务员团队。公务员制度实施后，由于招考年龄、职业升迁等各种限制，年轻公务员业界实践经验匮乏，有的技术性部门甚至出现审查人员不精通技术细节，匮乏审查专业知识的现象。目前这种现象尚未产生严重危机，原因在于20世纪五六十年代出生的公务员尚未到达退休年龄，还可在公务员团队中肩负技术中坚力量。但随着时间的推移，新生代公务员的专业技术力量不过关，未来很可能出现政府无法独立完成技术审查，“外行审内行”的情况。虽然目前有些审查部门借助专家评审，或依靠行政审批中介为审批力量，但行政审批权始终应为审批部门应有的行政权力，而专业技术审查能力也应该是相关领域公务员的应具有职业技能。

有条件的地方审批部门可吸纳有经验的自聘人员，弥补公务员技术力量不足。地方审批部门可吸纳在社会上工作一定年限，具有丰富经验的中、高级人员，负责技术审查。自聘人员在人数、薪金上具有一定灵活、自主性，可以弥补现有公务员团队的不足，也可参与培训现有公务员团队。长期来讲应继续深入推动公务员分类制度改革，设计并完善专业技术类公务员序列管理制度，相关职位薪金待遇参照市场同行，放宽年龄限制，以吸引并留住高质量人才。

五 辅助机制与制度建设

（一）建立独立的申诉机制

对于审查类行政审批中介服务，建议建立独立于行政审批中介机构的申诉机制。允许被审查者就国家强制性规定以外的技术性审查意见提出申诉。申诉小组应由多方人士共同该组成，比如，由公务员、审图中心成员以及社会专业人士组成，且社会专业人士必须占申诉小组成员的一半以上，确保申诉机制的裁决意见不被行政主管部门意见主导，申诉机制组成成员应定期更换。

（二）建立独立快速的行政处罚机制

建立独立、快速的行政处罚机制。根据香港经验，纪律委员会是香港行政审批中介的快速处罚机制，如不设计刑事定罪，无须启动高成本的司法程序。内地是否利用法定机构进行监管不是重点，重点在于法定机构所提供的快速、低成本的行政审裁方式。短期内，可考虑在个人资质管理制度中明确监管主体，赋予监管主体以必要的处罚权限，并建立行政处罚与刑事定罪等司法程序的衔接。

六 出台产业政策，引导各领域行政审批中介行业发展

（一）促进行业整合与发展

总体上，行政审批中介领域行业整合程度差，中国内地建设工程领域的中介服务行业呈现出碎片化状态。这主要由单位资质管理体制导致。每项服务都需要申请不同资质。国家每新出台一项资质，就会迅速培育出一个新生行业。这种行业分工过细的局面，无论在行业标准、业务互动、管理体制等都不利于形成国际互认的行业格局。

这方面可参考香港经验，深化整合行政审批中介服务行业。香港建设工程领域中介服务的行业整合程度较高。经过150年的发展，香港逐渐发展出既符合地方实际情况，又与国际接轨的行业分工。如前所述，香港建设工程几个主要行业比较清晰，包括环境咨询业、测量业、建筑设计业、工程业等。香港建设工程领域一个行业的业务范围可能涵盖内地多个行业。

比如测量业，香港测量行业务范围包括：产业测量、工料测量、建筑测量、土地测量。香港的测量行业务涵盖内地建设工程领域的工程造价及测绘两个行业。在内地，工程造价咨询和测绘分属完全不同的两个行业，市场构成、结构都不相同。再如工程业，香港各类工程顾问公司可承接施工、监理、地质灾害、水土保持等不同工程，在内地这些领域分属不同中介服务领域，由为完全不同的资质机构承担。

（二）促进同行业内部资源整合

中国建设工程中介领域有些行业存在散乱现象。比如检测行业，目前，中国检验检测认证机构普遍规模较小，布局结构分散，检测品种单

一，重复建设严重，不少机构重复检测、结果不互认，“小、散、乱”现象比较明显。有的部门直属检验检测认证机构就有数十家。比如对水的检测，环境、水利、农业、卫生、质检、食药、国土、住建等部门均承担了检测职责，出现典型的“九龙测水”。

国家政策已经明确了行业整合的方向。党的十八届二中全会和十二届全国人大一次会议审议通过的《国务院机构改革和职能转变方案》明确提出，整合一批业务相同或相近的检验、检测、认证机构。《国务院办公厅关于实施〈国务院机构改革和职能转变方案〉任务分工的通知》（国办发〔2013〕22号）将这项工作列为一项重点任务，明确由中央编办、质检总局会同有关部门负责，2013年到2015年按年度分三批完成。2014年2月，国务院办公厅转发了《关于整合检验检测认证机构的实施意见》（国办发〔2014〕8号），对10个重点部门23个相关部门，进一步明确了6个方面19项推进整合的任务。同月，《国务院办公厅转发中央编办质检总局关于整合检验检测认证机构实施意见的通知》（国办发〔2014〕8号）正式印发，对检验检测认证机构整合工作进行了部署和安排。2018年国务院机构改革深度整合了国务院部门，为自上而下的行业整合奠定了良好的制度基础。

七　从规制走向协作

政府与行政审批中介之间的关系不仅是规制与被规制的关系。借鉴美国、中国香港经验，第三方机构可以成为审批部门的协作伙伴。鼓励政府与行政审批中介形成合作关系，并搭建相关机制对两者的合作关系予以制度保障。中国为个人资质与单位资质双重资质管理体系，个人资质与单位资质的管理权限皆为各级政府，且尚未社会化。由于资质单位对中介服务最终负责，而实际服务由资质个人或团队提供，导致追责难已到位。加之单位资质是实际的市场准入门槛，部分资质申请难度大，市场尚未完全开放，挂靠问题丛生。因此专业资质管理制度是未来的改革方向之一。在此意义上，美国经验或可成为中国深化改革的参考。

（一）审批部门与第三方机构有效协作

美国经验显示，政府在与行政审批中介合作关系不仅局限于政府将事权转移给中介，政府甚至依靠中介提供行政审批准备材料，并以此为审批依据。由于中介人士及机构具备专业素质，依据法例及规范现行对业主项目进行检查并提供材料可节省政府大量行政成本，提高审批效率。政府由于会借助第三方机构出具的评估报告协助审批，因此会严格设计管理制度并对名单上的机构进行管理。美国实行此制度的前提是单一的资质人士管理制度。根据法律，资质中介人士必须在其提供的材料上签名，并承担相应法律责任。一旦涉及材料造假，或触犯法律，资质中介人事不但要承担法律责任，甚至有可能被吊销从业资格。这种代价有效约束了资质中介人士的行为。在这种制度设计下，政府才有可能与审批中介在审批上达成合作关系。

中国在推进政府职能转移的过程中需要把握合适的“度”。转移不到位，市场活力不能被有效激活；过度转移，存在政府审批权被中介架空的危险。目前中国的改革思路是主要转移事权。目前美国经验的改革思路更加开放。美国部分地方政府实际上转移了审批权的部分事务，在可以保证中介服务质量的前提下，政府可以信赖中介提供的初步审查资料，这在制度设计上或可对中国有借鉴意义。

中介专业资质管理权限在社会组织，项目资质管理权在政府。在专业资质上，美国只存在个人资质，且专业人士资质由有相关专业学会发放与管理。凡获得专业资质的人士皆可提供有关管理中介服务。资质人士因此成为中介服务的责任方。中介机构若提供有些服务则须雇佣符合要求的资质人士。上述哥伦比亚特区案例中的机构资质并非专业资质，而是项目管理资质。获得专业资质的中介人士或雇佣获得专业资质的中介机构已经获得市场准入，政府并不要求中介人士或机构必须加入第三方评估项目。但事实上，聘请政府许可的第三方机构会加快审批速度，令申请人降低成本的不成文规定使绝大部分申请人都会自费聘请政府名单上的第三方机构。这显然会使参与第三方评估项目的中介获得更多商业机会。这种制度设计的结果是业主、行政审批中介都有选择与不参与政府计划的自由，但实际上绝大部分业主和相当数量的优质中介会参与政府计划。

值得强调的是，政府与行政审批中介合作不意味着政府让渡行政审批权限。行政审批的最终权力在政府审批部门。根据美国经验，地方政府虽然依靠行政审批中介提供初步审查资料，但并没有在根本上让渡行政审批权力与行政审批中介。政府相关规定明确指出行政审批权力最终在政府审批部门。政府有权在任何一个环节要求行政相对人或行政审批中介提供相关资料。此外，政府以行政审批中介提供的资料为审批依据，也并不意味着政府没有行使行政审批权的技术审查能力。若政府认为行政审批中介提供的资料有任何问题，有权并有能力随时进行审查，以及拒绝通过审批。

（二）建立、发展行业协会、学会管理资质人士的体制

中国内地行业协会、学会发展相对薄弱，尚不具备管理专业人士资质的能力。2015 年改革前，有的行业协会、学会与政府关系过于紧密，成为妨碍健康市场秩序的“红顶中介”。改革要求此类行业协会、学会与相关审批部门脱钩。脱钩后的行业协会、学会亟须增强行业自治能力，发展为行业管理者。在培育促进学会、行业协会健康发展上可参考香港经验。

在制度设计上，香港特区政府只对政府公务工程负责，企业工程采取个人责任制，不存在单位资质，专业人士由行业学会管理。香港的法例规定了政府、企业等各参与方的所有法律责任。作为监管者，政府只负责审批以及出台作业备考。作业备考只是行业操作指引，是对晦涩的法律条文做出的通俗解释，为有关人士在执业过程中提供方便，不具任何法律效力。有关人士仍须以法例为准。

对于政府工程，相关政府部门存在各种注册名单。注册名单类似于内地的单位资质，但并不在全港适用。各部门仅根据自身可能需要，管理登记本部门的注册名单，为部门招投标邀标对象提供参考。各部门自行管理本部门名册的登记、考核、续期等事宜。凡欲参与该部门投标的企业，须通过部门审核，成为注册企业。政府会按照各企业适合承担的项目规模，对所有注册企业分类，并在需要招标时，从名册中选出 12 至 16 家企业，进行邀标，之后根据规定程序评标。

对于私人项目，政府不对企业须选用的中介机构（香港惯称“顾问公司”）进行要求。香港并不存在全港统一申请、批核的单位资质。类似于内地中介机构的顾问公司几乎全部为企业法人，在统一规则下，自由参与市场竞争。除有仪器设备要求的检测公司外，政府在场地、人员、设备等方面不对顾问公司做出要求。负责审批的政府部门，只对送审图

纸、报告等进行审核。企业若选择服务质量差的顾问公司，则不通过审核与责令修改的概率升高，有可能阻碍工程进度。

香港建设工程领域采取“个人责任制”。这是一套从大学专业学生开始培养的专业资格人士体系。与内地通过考试获得专业资格的方式不同，香港的专业人士资格考试并非成为资质专业人士的唯一标准。拥有该专业的大学毕业生必须成为相关专业学会、公会的成员，具备一定年限的工作经验，通过学会、公会考核之后方可成为享有“工程师”、“测量师”等专业称谓的资质人士。对成为专业人士之前的工作经验的要求有效规避了内地普遍出现的零经验毕业生直接执业，中介服务质量无保障的情况。

成为专业人士必须通过专业学会、公会的审核。这使得香港各界别的专业人士一定同时为该专业学会、公会的会员。专业学会、公会个人资质的管理权不受政府干涉，这赋予专业学会以极大权力，不会出现专业协会、学会处于边缘及弱势地位的局面。此外，专业人士同时受到香港法例的制约。如有违法行为，该专业人士可能面临资质吊销，终身不得执业的危险。

签名负责的专业人士在用自己的职业前途为服务担保，这使得专业人士受到有效制约。在这样的体制下，香港建设工程领域的工程才有可能依赖顾问公司成功提供工程监理、质量检测等第三方监督服务。

诚然，赋权行业协会、学会管理“资质人士”的前提是切实提高管理者与被管理者的违法成本，避免“资质人士”因违法成本过低而不受应有制约，进而削弱行业自治管理体制的效力。

参考文献

专著、论文

丁玉洁等:《我国环境影响评价制度化与法制化的思考》,《生态经济》2010 年第 6 期。

郭国庆等:《论社会中介组织的内部营销》,《山西财经大学学报》2003 年第 5 期。

韩新宝等:《论社会中介组织发展的努力方向》,《学会》2009 年第 12 期。

胡仙芝:《论社会中介组织在公共管理中的职能和作用》,《中国行政管理》2004 年第 10 期。

黄庆杰:《20 世纪 90 年代以来政府职能转变述评》,《北京行政学院学报》2003 年第 1 期。

贾光:《中国职业病现状》,《现代职业安全》2015 年第 11 期。

景慧媛:《国内外建设工程造价发展现状分析》,《科学技术创新》2013 年第 6 期。

路向等:《国内外建设工程监理服务采购方法比较研究》,《建设监理》2012 年第 10 期。

吕凤太:《社会中介机构》,学林出版社 1998 年版。

沈岿:《解困行政审批改革的新路径》,《法学研究》2014 年第 2 期。

孙继德等:《英国建设工程设计审查制度探析》,《建筑经济》2013 年第 1 期。

唐东霞等:《工程造价咨询中介机构体制改革势在必行》,《工程经济》2001 年第 3 期。

陶洪基:《美国建设工程的造价确定及管理方式》,《水利水电工程造价》1994 年第 1 期。
王晨筱等:《创新中介机构管理体制助力行政审批制度改革》,《机构与行政》2015 年第 1 期。
王健:《关于行政审批制度改革的若干思考》,《广东行政学院学报》2001 年第 6 期。
王健等:《中国政府规制理论与政策》,经济科学出版社 2008 年版。
王克稳:《行政审批制度的改革与立法》,《政治与法律》2002 年第 2 期。
王克稳:《我国行政审批制度的改革及其法律规制》,《法学研究》2014 年第 2 期。
温道云:《国内外建设工程安全监管模式对比分析》,《中华建设》2015 年第 3 期。
伍淑妍:《建设工程档案资料管理存在的问题与对策》,《广州市经济管理干部学院学报》2002 年第 3 期。
熊光辉等:《试论我国社会中介组织的建立和完善》,《重庆社科文汇》2002 年第 9 期。
徐有平:《"脱钩"、"上套" 发挥中介机构 "正能量" ——浙江省温州市推进中介机构改革的实践与思考》,《中国纪检监察》2013 年第 21 期。
殷晓彦等:《试析社会中介组织概念的内涵、外延及其他》,《社会工作》2010 年第 5 期。
应松年:《行政审批制度改革:反思与创新》,《人民论坛 · 学术前沿》2012 年第 3 期。
余宏亮:《国内外建设工程施工图审查制度比较研究》,《建筑经济》2011 年第 9 期。
郁建兴:《理顺政府与社会中介机构的关系》,转引自郭济《行政管理体制改革:思路和重点》,国家行政学院出版社 2007 年版。
张定安:《行政审批制度改革攻坚期的问题分析与突破策略》,《中国行政管理》2012 年第 9 期。
张楠迪扬:《我国政府对中介组织的管治困境——以建设工程领域中介服务为视角》,《国家行政学院学报》2015 年第 1 期。
张楠迪扬:《香港法定机构再审视:以内地政府职能转移为视角》,《港澳研究》2016 年第 2 期。
张楠迪扬:《行政审批中介管理制度: 建设工程领域内地与香港的比较研究》,《中国行政管理》2017 年第 2 期。
张楠迪扬:《政府与行政审批中介关系——美国经验对社会投资建设工程项目的启示》,《国家行政学院学报》2016 年第 5 期。
赵康:《社会中介组织还是专业服务组织? ——中介组织概念名实辨》,《科学学研究》2003 年第 3 期。
赵明卫:《国内外建设工程质量监督管理的特征内容与启示》,《山西建筑》2014 年第 20 期。
中国法学会:《中国法治建设年度报告 (2008)》, 新华出版社 2009 年版。
中国行政管理课题组:《中国社会中介机构发展研究》, 中国经济出版社 2006 年版。
中国行政管理学会课题组:《我国社会中介组织发展研究报告》,《中国行政管理》2005 年第 5 期。
竺乾威:《行政审批制度改革: 回顾与展望》,《理论探讨》2015 年第 6 期。
Akerlof G. A. , The Market for "Lemons": Quality Uncertainty and the Market Mechanism, *The Quarterly Journal of Economics*, Vol. 84, No. 3, August, 1970.
Hatanaka M. , Busch L. , Third - Party Certification in the Global Agrifood System: An Objective or Socially Mediated Governance Mechanism? *Sociologia Ruralis*, Vol. 48, No. 1, January 2008.
Majone G. , The regulatory state and its legitimacy problems, *West European Politics*, Vol. 22, No. 1, January 1999.
May P. J. , Performance - based regulation and regulatory regimes: The saga of leaky buildings, *Law & Policy*, Vol. 25, No. 4, October 2003.
McAllister L. K. , Regulation by Third - Party Verification, *Boston College Law Review*, Vol. 53, No. 1, January 2012.
Pildes R. H. , Sunstein C. R. , Reinventing the regulatory state, *The University of Chicago Law Review*, Vol. 62, No. 1, Winter, 1995.
Scott Colin, "Regulation in the age of governance: The rise of the post - regula-

tory state", *The Politics of Regulation: Institutions and Regulatory Reforms for the Age of Governance*, Edward Elgar Publishing Limited, 2004.

Thatcher Mark, "Delegation to independent regulatory agencies: Pressures, functions and contextual mediation", *The Politics of Delegation*, Routledge, 2004.

Van der Heijden J, De Jong J, Towards a better understanding of building regulation, *Environment and Planning B: Planning and Design*, Vol. 36, No. 6, January 2009.

Veljanovski C, *Economic Approaches to Regulation*, The Oxford Handbook of Regulation, 2010.

Yeung K, *The Regulatory State*, The Oxford handbook of regulation, 2010.

政府文件

《广东省病媒生物预防控制管理规定》，粤府令第167号，2012年1月19日（http://zwgk.gd.gov.cn/006939748/201201/t20120130_302349.html）。

国家工商行政管理总局:《公司注册资本登记管理规定》，2014年2月20日（www.sdaic.gov.cn/eportal/ui?pageId=458878&articleKey=605488&columnId=460127）。

国土资源部:《关于修改〈地质灾害危险性评估单位资质管理办法〉等5部规章的决定》，2015年5月11日（www.dlxzf.gov.cn/dlgovmeta/bmxzgk/xzfzcbm_1/gtzyj/zfbgkml/tygkxx/201610/t20161025_1676359.html）。

国土资源部:《关于印发〈地质灾害防治工作规划纲要〉的通知》，国土资发〔2001〕79号，2001年3月2日（http://www.gov.cn/gongbao/content/2002/content_61933.htm）。

国务院办公厅:《国务院办公厅关于创新投资管理方式建立协同监管机制的若干意见》，2015年3月19日（www.gov.cn/zhengce/content/2015-03/19/content_9541.htm）。

国务院办公厅:《关于成立国务院推进职能转变协调小组的通知》，2015年4月21日（www.gov.cn/zhengce/content/2015-04/21/content_

9648. htm)。

国务院办公厅:《关于清理规范国务院部门行政审批中介服务的通知》, 2015 年 4 月 29 日 (www. gov. cn/zhengce/content/2015 - 04/29/content_9677. htm)。

国务院办公厅:《国务院办公厅关于清理规范国务院部门行政审批中介服务的通知》, 2015 年 4 月 29 日 (www. gov. cn/zhengce/content/2015 - 04/29/content_9677. htm)。

国务院行政审批制度改革工作领导小组:《关于贯彻行政审批制度改革的五项原则需要把握的几个问题的通知》, 2001 年 12 月 10 日 (www. chinalawedu. com/falvfagui/fg21752/30641. shtml)。

国务院行政审批制度改革工作领导小组办公室:《关于进一步推进省级政府行政审批制度改革意见的通知》2003 年 9 月 29 日。

环境保护部:《关于发布〈建设项目环境影响评价技术导则总纲〉国家环境保护标准的公告》, 2016 年 12 月 8 日 (www. zhb. gov. cn/gkml/hbb/bgg/201612/t20161214_369046. htm)。

环境保护部:《关于印发〈全国环保系统环评机构脱钩工作方案〉的通知》, 2015 年 3 月 23 日 (www. zhb. gov. cn/gkml/hbb/bwj/201503/t20150325_298027. htm)。

建设部:《关于印发〈2006 年度全国施工图设计文件审查情况〉的函》, 2007 年 5 月 29 日 (www. 110. com/fagui/law_189214. html)。

建设部:《建设工程质量检测管理办法》, 2005 年 9 月 28 日 (www. gxzj. com. cn/news. aspx? id =5345)。

人力资源和社会保障部:《人力资源社会保障部关于减少职业资格许可和认定有关问题的通知》, 2014 年 8 月 13 日 (www. mohrss. gov. cn/SYrlzyhshbzb/ldbk/rencaiduiwujianshe/zhuanyejishurenyuan/201408/t20140814_138388. htm)。

台州市人民政府办公室:《台州市行政审批中介机构服务管理办法(试行)的通知》, 2013 年 10 月 9 日 (www. zjtz. gov. cn/xxgk/jcms_files/jcms1/web37/site/art/2013/10/23/art_3993_116439. html)。

中国气象局:《中国气象局关于修改〈防雷减灾管理办法〉的规定》, 2013 年 5 月 31 日 (www. cma. gov. cn/2011zwxx/2011zflfg/2011zbmgz/

201305/t20130531_215364. html)。
中华人民共和国国务院:《关于发布政府核准的投资项目目录(2013 年本)的通知》,2013 年 12 月 2 日(www. 11315. com/a/m – 1472710826200)。
中华人民共和国国务院:《关于发布政府核准的投资项目目录(2014 年本)的通知》,2014 年 11 月 19 日。
中华人民共和国国务院:《关于发布政府核准的投资项目目录(2016 年本)的通知》,2016 年 12 月 20 日(www. gov. cn/zhengce/content/2016 – 12/20/content_5150587. htm)。
中华人民共和国国务院:《国务院关于第二批取消 152 项中央指定地方实施行政审批事项的决定》,2016 年 2 月 19 日(www. gov. cn/zhengce/content/2016 – 02/19/content_5043903. htm)。
中华人民共和国国务院:《国务院关于第六批取消和调整行政审批项目的决定》,2012 年 9 月 23 日(http://www. gov. cn/zwgk/2012 – 10/10/content_2240096. htm)。
中华人民共和国国务院:《国务院关于第三批清理规范国务院部门行政审批中介服务事项的决定》,2017 年 1 月 22 日(www. gov. cn/zhengce/content/2017 – 01/22/content_5162221. htm)。
中华人民共和国国务院:《国务院关于第三批取消和调整行政审批项目的决定》,2004 年 5 月 19 日(http://www. gov. cn/zwgk/2005 – 08/06/content_29614. htm)。
中华人民共和国国务院:《国务院关于第四批取消和调整行政审批项目的决定》,2007 年 10 月 9 日(http://www. gov. cn/zwgk/2007 – 10/12/content_775186. htm)。
中华人民共和国国务院:《国务院关于第五批取消和下放管理层级行政审批项目的决定》,2010 年 7 月 4 日(http://www. gov. cn/zwgk/2010 – 07/09/content_1650088. htm)。
中华人民共和国国务院:《国务院关于第一批清理规范 89 项国务院部门行政审批中介服务事项的决定》,2015 年 10 月 15 日(www. gov. cn/zhengce/content/2015 – 10/15/content_10225. htm)。
中华人民共和国国务院:《国务院关于第一批取消 62 项中央指定地方实施行政审批事项的决定》,2015 年 10 月 14 日(www. gov. cn/zhengce/

content/2015 - 10/14/content_10222. htm）。
中华人民共和国国务院：《国务院关于改革建筑业和基本建设管理体制若干问题的暂行规定》，1984 年 9 月 18 日（http：//laws. 66law. cn/law - 82895. aspx）。
中华人民共和国国务院：《国务院关于加强预算外资金管理的决定》，1996 年 7 月 6 日（www. china. com. cn/law/flfg/txt/2006 - 08/08/content_7059621. htm）。
中华人民共和国国务院：《国务院关于清理国务院部门非行政许可审批事项的通知》，2014 年 4 月 22 日（www. gov. cn/zhengce/content/2014 - 04/22/content_8773. htm）。
中华人民共和国国务院：《国务院关于取消 13 项国务院部门行政许可事项的决定》，2016 年 2 月 23 日（www. gov. cn/zhengce/content/2016 - 02/23/content_5045277. htm）。
中华人民共和国国务院：《国务院关于取消第二批行政审批项目和改变一批行政审批项目管理方式的决定》，2003 年 2 月 27 日（http：//www. gov. cn/zwgk/2005 - 09/06/content_29621. htm）。
中华人民共和国国务院：《国务院关于取消非行政许可审批事项的决定》，2015 年 5 月 14 日（www. gov. cn/zhengce/content/2015 - 05/14/content_9749. htm）。
中华人民共和国国务院：《国务院关于取消和调整一批行政审批项目等事项的决定》，2014 年 8 月 12 日（www. gov. cn/zhengce/content/2014 - 08/12/content_8974. htm）。
中华人民共和国国务院：《国务院关于取消和调整一批行政审批项目等事项的决定》，2014 年 11 月 24 日（www. gov. cn/zhengce/content/2014 - 11/24/content_9238. htm）。
中华人民共和国国务院：《国务院关于取消和调整一批行政审批项目等事项的决定》，2015 年 3 月 13 日（http：//www. gov. cn/zhengce/content/2015 - 03/13/content_9524. htm）。
中华人民共和国国务院：《国务院关于取消和下放 50 项行政审批项目等事项的决定》，2013 年 7 月 22 日（http：//www. gov. cn/zwgk/2013 - 07/22/content_2452368. htm）。

中华人民共和国国务院:《国务院关于取消和下放一批行政审批项目的决定》, 2013 年 12 月 10 日（http://www.gov.cn/zwgk/2013-12/10/content_2545569.htm）。

中华人民共和国国务院:《国务院关于取消和下放一批行政审批项目的决定》, 2014 年 2 月 15 日（http://www.gov.cn/zwgk/2014-02/15/content_2602146.htm）。

中华人民共和国国务院:《国务院关于取消和下放一批行政审批项目等事项的决定》, 2013 年 5 月 15 日（http://www.gov.cn/zwgk/2013-05/15/content_2403676.htm）。

中华人民共和国国务院:《国务院关于取消一批职业资格许可和认定事项的决定》, 2015 年 7 月 23 日（www.gov.cn/zhengce/content/2015-07/23/content_10028.htm）。

中华人民共和国国务院:《国务院关于取消一批职业资格许可和认定事项的决定》, 2016 年 1 月 22 日（www.gov.cn/zhengce/content/2016-01/22/content_5035351.htm）。

中华人民共和国国务院:《国务院关于取消一批职业资格许可和认定事项的决定》, 2016 年 6 月 13 日（www.gov.cn/zhengce/content/2016-06/13/content_5081742.htm）。

中华人民共和国国务院:《国务院关于取消一批职业资格许可和认定事项的决定》, 2016 年 12 月 8 日（www.gov.cn/zhengce/content/2016-12/08/content_5144980.htm）。

中华人民共和国国务院:《国务院关于同意广东省“十二五”时期深化行政审批制度改革先行先试的批复》, 2012 年 10 月 31 日。

中华人民共和国国务院:《国务院关于投资体制改革的决定》, 2004 年 7 月 16 日（http://fgw.gzlps.gov.cn/zwgk_42198/fgwj_42238/flfg/201703/t20170314_1301234.html）。

中华人民共和国国务院:《民办非企业单位登记管理暂行条例》, 1998 年 10 月 25 日。

中华人民共和国国务院:《事业单位登记管理暂行条例》, 2004 年 6 月 27 日。

中华人民共和国国务院:《国务院关于取消第一批行政审批项目的决定》,

2002年11月1日（http://www.gov.cn/gongbao/content/2002/content_61829.htm）。

中华人民共和国生态资源部：《建设项目环境影响评价技术导则总纲（HJ2.1－2016代替HJ2.1－2011）》，2016年12月8日（http://bz.mep.gov.cn/bzwb/other/pjjsdz/201612/t20161214_369043.shtml）。

住房和城乡建设部：《房屋建筑和市政基础设施工程施工图设计文件审查管理办法》，2013年4月27日（http://zjt.hainan.gov.cn/info/1342/34701.htm）。

住房和城乡建设部：《城乡规划编制单位资质管理规定》，2012年7月2日（www.yqsghj.gov.cn/zcfg/201804/t20180416_688694.html）。

法律

国家安全生产监督管理总局：《建设项目职业卫生“三同时”监督管理暂行办法》，2012年4月27日。

国家环境保护总局：《建设项目环境影响评价资质管理办法》2005年7月21日。

国家计委、国家经贸委、财政部、监察部、审计署、国务院纠风办：《中介服务收费管理办法》1999年12月22日。

国家人民防空办公室：《人民防空工程施工图设计文件审查管理办法》2009年7月20日。

国家质检总局：《特种设备检验检测机构管理规定》2003年8月8日。

国土资源部：《地质灾害危险性评估单位资质管理办法》2005年5月20日。

全国人民代表大会常务委员会：《中华人民共和国价格法》1997年12月29日。

香港立法会：《建筑物条例》1997年6月30日。

中国气象局：《防雷工程专业资质管理办法》2011年7月29日。

住房城乡建设部：《城乡规划编制单位资质管理规定》2012年7月2日。

电子文献

《新建楼宇工程》，香港屋宇署（http://www.bd.gov.hk/chineseT/serv-

ices/index_new1. html)。
《中国气象局简介》，中国气象局官网网站（http：//www. cma. gov. cn/2011zwxx/2011zbmgk/201110/t20111026_117793. html）。
《10大“著名”豆腐渣工程大桥》，2017年5月27日，搜狐新闻（http：//www. sohu. com/a/144029289_577567）。
《二〇一三年中国建筑设计行业发展回顾与展望报告》，中国产业调研网（http：//www. cir. cn/2013 -03/JianZhuSheJiDiaoYanBaoGao. html）。
陈泽伟：《中央加强垂直管理将人财物控制权收到国家》，2006年11月14日，中国网（www. china. com. cn/policy/zhuanti/hxsh/txt/2006 -11/14/content_7357485_2. htm）。
《发展改革委等部门下发通知部署加强行政审批中介服务收费监管》，2015年10月27日，中央人民政府门户网站（http：//www. gov. cn/xinwen/2015 -10/27/content_2954152. htm）。
《关于2000年国民经济和社会发展计划执行情况与2001年国民经济和社会发展计划草案的报告》，2001年3月19日，中国人大网（www. npc. gov. cn/wxzl/gongbao/2001 -03/19/content_5134508. htm）。
郭芳、黄斌：《总理责令整治“红顶中介”》，2015年6月16日，人民网（http：//politics. people. com. cn/n/2015/0616/c1001 -27160521. html）。
郭洪海、杨晓静：《非行政许可审批全部终结》，2015年5月7日，中央人民政府门户网站（http：//www. gov. cn/zhengce/2015 -05/07/content_2858137. htm）。
郭信峰、赵叶苹：《一个项目24个中介“卡”：投资项目审批权放给了谁?》，2015年2月13日，新华网（www. xinhuanet. com/politics/2015 -02/13/c_1114365912. htm）。
《国务院关于上海市进一步推进“证照分离”改革试点工作方案的批复》，2018年2月11日，中央人民政府门户网站（http：//www. gov. cn/zhengce/content/2018 -02/11/content_5265811. htm）。
《国务院关于印发2006年工作要点的通知》，2006年3月19日，中央政府门户网站（www. gov. cn/zwgk/2006 -03/22/content_233622. htm）。
《环评灰色链条：至少88家环评机构存在各种问题》，2013年7月11日，大公网（http：//finance. takungpao. com. hk/hgjj/q/2013/0711/1752799.

html）。
《江泽民在中国共产党第十四次全国代表大会上的报告》，1992 年 10 月 12 日，中国共产党历次全国人民代表大会数据库（http：//cpc. people. com. cn/GB/64162/64168/64567/65446/4526308. html）。
《江泽民在中国共产党第十五次全国代表大会上的报告》，2008 年 7 月 11 日，中央人民政府门户网站（www. gov. cn/test/2008 - 07/11/content_1042080. htm）。
寇江泽：《“红顶中介”，得管管了》，2014 年 12 月 19 日，人民网（http：//finance. people. com. cn/n/2014/1219/c1004 - 26236487. html）。
《商事登记制度改革一年大事记》，2015 年 3 月 4 日，中央政府门户网站（www. gov. cn/xinwen/2015 - 03/04/content_2825268. htm）。
《十二届全国人大一次会议国务院总理李克强答中外记者问》，2013 年 3 月 17 日，中国网（www. china. com. cn/news/2013lianghui/2013 - 03/17/content_28269358. htm）。
王峰：《清理行政审批中介服务五大问题是深化改革的必然要求》，2015 年 4 月 28 日，中央机构编制网（www. scopsr. gov. cn/ldzy/ldbdj/wf/wfjh/201504/t20150428_275089. html）。
余建斌：《〈中华人民共和国测绘法〉实施十五年掠影》，2007 年 12 月 6 日，人民网（http：//scitech. people. com. cn/GB/6618863. html）。
赵超：《我国投资审批制度改革取得重要进展》，2016 年 7 月 27 日，新华网（http：//www. xinhuanet. com/2016 - 07/27/c_1119291882. htm）。
《中共中央关于建立社会主义市场经济体制若干问题的决定》，2008 年 9 月 23 日，中国共产党新闻网（http：//cpc. people. com. cn/GB/64162/134902/8092314. html）。
《中共中央关于经济体制改革的决定》，2008 年 6 月 26 日，中央人民政府门户网站（www. gov. cn/test/2008 - 06/26/content_1028140_2. htm）。
《中国共产党中央纪律检查委员会第五次全体会议公报》，中共中央纪律检查委员会，中华人民共和国监察部，2000 年 12 月 27 日（http：//www. ccdi. gov. cn/xxgk/hyzl/201307/t20130726_45345. html）。
《中国气象局 2016 年部门预算》，中国气象局官网（http：//zwgk. cma. gov. cn/web/showsendinfo. jsp？ id = 15706）。

《中国特种设备检测研究院发展历程》，2018 年 5 月 4 日，中国特种设备检测研究院官网（www. csei. org. cn/index. php? m = content& c = index&a = lists&catid = 17）。

《中华人民共和国国民经济和社会发展“九五”计划和 2010 年远景目标纲要》，2001 年 1 月 2 日，中国人大网（http：//www. npc. gov. cn/wxzl/gongbao/2001 - 01/02/content_5003506. htm）。

《中华人民共和国国民经济和社会发展第十个五年计划纲要》，2001 年 3 月 19 日，中国人大网（www. npc. gov. cn/wxzl/gongbao/2001 - 03/19/content_5134505. htm）。

《中华人民共和国卫生部关于印发〈关于卫生监督体制改革的意见〉的通知》，2000 年 1 月 19 日，北大法宝（http：//www. moh. gov. cn/zhuzhan/zcjd/201304/c1103a843a5e4358a99ee9e5c78ff6cd. shtml）。

报纸

李岚清:《进一步推进政府廉政建设和反腐败斗争》，《人民日报》2001 年 1 月 17 日第 1 版。

梁云:《发展社会中介机构——推进行政管理体制改革的重要内容》，《人民日报》2004 年 6 月 21 日第 9 版。

陆伟明:《试论政府职能转变与社会中介机构的关系》，《人民日报》2004 年 6 月 21 日第 9 版。

申孟哲等:《部分地方存隐性审批，触动利益比触动灵魂难》，《人民日报海外版》2014 年 3 月 27 日第 5 版。

晏国政:《中介服务乱象蚕食行政审批改革红利》，《经济参考报》2014 年 8 月 28 日第 5 版。

学位论文

洪江浩:《我国建设工程招标代理发展现状及对策研究》，硕士学位论文，四川大学，2007 年。